少儿环保科普小丛书

U0690337

大自然的恩赐

本书编写组◎编

中国出版集团公司

世界图书出版公司

广州·上海·西安·北京

图书在版编目（CIP）数据

大自然的恩赐／《大自然的恩赐》编写组编. ——广州：世界图书出版广东有限公司，2017.3
ISBN 978－7－5192－2475－2

Ⅰ．①大… Ⅱ．①大… Ⅲ．①自然资源－青少年读物
Ⅳ．①X37－49

中国版本图书馆 CIP 数据核字（2017）第 049877 号

书　　名：大自然的恩赐
　　　　　Daziran De Enci
编　　者：本书编写组
责任编辑：冯彦庄
装帧设计：觉　晓
责任技编：刘上锦
出版发行：世界图书出版广东有限公司
地　　址：广州市海珠区新港西路大江冲 25 号
邮　　编：510300
电　　话：（020）84460408
网　　址：http：//www. gdst. com. cn/
邮　　箱：wpc_ gdst@163. com
经　　销：新华书店
印　　刷：虎彩印艺股份有限公司
开　　本：787mm×1092mm　1/16
印　　张：13
字　　数：206 千
版　　次：2017 年 3 月第 1 版　2019 年 2 月第 2 次印刷
国际书号：ISBN 978－7－5192－2475－2
定　　价：29. 80 元

前　言

　　自然资源是大自然创造的多种形式的财富。它包括我们赖以生存的土地，饮用和浇灌用水以及呼吸的空气；同时也包括海里的鱼，森林里的树木以及其他的动植物，包括野生的和栽培驯养的……

　　自然是伟大的，它孕育了地球上的一切，是大自然给了我们蓝天、白云；是大自然给了我们空气、海洋；是大自然给了我们生命、生活。大自然创造了我们人类，并赐予了人类繁衍生存的条件，赐予了组成我们衣食住行的种种资源………

　　人类利用大自然所赐予的资源，从起初制造简单的工具到成为地球的主角，从对大自然的膜拜到对大自然的征服，经历了一个漫长的过程；近现代以来，随着人类文明的跨越式进步，人类逐渐不满足于大自然所赐予的资源，随之而来的是人类无尽的索取和破坏；当人类向着其所宣告的征服大自然的目标前进时，已经写下了一部令人痛心的破坏大自然的记录，这种破坏不仅仅直接危害了人们所居住的大地，而且也危害了与人类共享大自然的其他生命。20世纪是人类对资源和环境破坏最严重的100年。20世纪后期，随着东西方冷战的结束，和平与发展慢慢成了人类追求文明与进步的共同主题，核战争已不再是威胁世界的第一危机，取而代之的是环境危机。

　　我们人类和自然是紧密相连的，我们是自然的一部分。人类在大肆浪费来自大自然的恩赐的同时，却将沉重的环境代价由其他的当代或者未来的几代人来承担。

人类的经济活动经常导致自然资源枯竭，并且向周边环境过度倾倒生产和生活垃圾。现在，这些不利影响是如此普遍和严重，以致于一些环境学家认为人类对地球而言是一场灾难。

然而人类也能够提高自然资源的数量和改善环境质量。通过修补以前破坏的环境，建设性地参与对生活环境的改造和重新改造过程，人类能够也确实已投资于自然资产。种植农作物，包括我们日常生活所需的玉米、蔬菜和水果，是这种建设性参与的一个典型例子。

我国是一个发展中国家，目前正面临着发展经济和保护自然环境的双重任务。从国情出发，我国在全面推进现代化建设的过程中，把自然环境保护作为一项基本国策，把实现可持续发展作为一个重大战略，在全国范围内开展了大规模的污染防治和生态环境保护活动。改革开放以来，中国国民生产总值以年均 10% 左右的速度持续增长，而环境质量基本避免了相应恶化的局面。实践表明，中国实行的经济、社会和环境协调发展的方针是有成效的。

本书以大自然对人类的恩赐为主线，详细介绍了大自然赐予人类的各种生存、生活、生产所必需的资源，并通过案例揭示了人类对自然资源的破坏，提出了一些保护自然资源的建议和措施，最后列举了新世纪新能源的应用以及未来新能源的发展趋势。

由于编者水平和视野所限，书中的错误和不足在所难免，敬请读者不吝指正。

目 录
Contents

人类的诺亚方舟

人类美好的家园——地球 ········· 1

地球的演化 ··········· 3

地球的年龄 ··········· 6

只有一个地球 ··········· 10

保护我们共同的家园 ········· 12

人类的土地资源

土地资源的概念 ········· 14

耕地资源 ··········· 15

黑土地 ··········· 18

林　地 ··········· 19

草场资源 ··········· 21

世界十大草原 ········· 22

土地：人类的"家底" ········· 29

人类的水资源

水的来龙去脉 ········· 33

水资源的性质与特点 ········· 35

水资源的利用现状 ········· 36

世界水资源现状 ········· 42

地球冰川资源 ········· 43

地球湿地资源 ········· 46

地球河流资源 ········· 48

地球湖泊资源 ········· 50

地球海洋资源 ········· 53

一滴海水中含有的元素 ········· 55

海洋，人类未来的希望 ········· 57

人类的生物资源

生物资源概述 ········· 63

动物资源 ··········· 64

我国的动物资源 ········· 65

植物资源 ··········· 69

我国的植物资源 ········· 70

微生物资源 ··········· 73

生物的多样性 ········· 78

人类的矿产资源

矿产资源概述 ········· 81

世界矿产资源分布 ········· 82

世界矿产资源现状 ········· 84

金属矿产资源 ········· 88

非金属矿产资源 ········· 89

我国非金属矿产的主要分布 ········· 90

能源矿产 ··········· 93

人类的新材料

什么是新材料 ········· 94

新材料与传统材料的区别是
什么 ··········· 95

最广泛的金属材料——黑色
　金属 ·········· 96
为生活增光添色的有色金属 ··· 97
前途无量的合金家族 ····· 99
神奇的记忆合金 ······· 108
储氢材料——21 世纪的
　能源库 ········ 113
从半导体陶瓷到生物陶瓷 ··· 116
奇特的光学功能材料 ···· 120
抵抗高温的材料——耐火
　材料 ········· 121
超硬材料有多硬 ······· 123
骨伤外科的福音——医用
　碳素材料 ······· 124
植入眼内的人工透镜——
　人工晶体 ······· 126
电阻为零的材料——超导
　材料 ········· 128
对环境敏感的材料——
　人工鼻 ········ 131
电子纸技术方兴未艾 ···· 132
"吸水大王"——高吸水
　性树脂 ········ 134
神通广大的液晶与液晶纤维 ··· 136

有"知觉"的材料——
　仿生材料 ······· 140
先进复合材料的应用 ···· 142

人类的新能源
新世纪能源浅析 ······· 146
新能源概述 ········· 152
能发电的"双嘴怪兽" ··· 160
核能源的应用 ········ 163
宝贵的二氧化碳资源 ···· 171
向海洋索取能源的新途径 ··· 174
海水温差发电 ········ 179
潜力巨大的地热利用 ···· 182
奇妙的太阳能热管 ····· 184
一种崭新的发电技术——
　磁流体发电 ······· 186
气势宏伟的太阳能热电站 ··· 189
本领高强的地热能 ····· 191
利用风能造福人类 ····· 194
向植物要石油 ········ 197
"接替能源"——煤层气
　崭露头角 ······· 199
海洋中的新能源——气水
　合纤维素 ······· 201

人类的诺亚方舟

地球是宇宙中物质自然演化的产物，是人类生存的载体。因此，弄清地球本身的奥秘，对于人类与自然和谐共存、促进人类文明的发展有着非常重要的意义。多少年来，经过科学家们的共同努力，地球的面目已初露端倪。

人类美好的家园——地球

在茫茫的宇宙中，太阳系家族里有一颗美丽的蔚蓝色星球，那就是我们的家园——人类赖以生存的地球。

如果你站在距地球 38 万千米之外的月球上观察地球的话，你会发现地球是一个巨大的球体。它的表面大多为蓝色，那是海洋；还有白色，那是极地和高山的终年积雪；也有棕黄色和绿色，那就是陆地和陆地上的植被了。

地球上 70% 的表面被海洋覆盖着。风和日丽时，这里是波光粼粼，水天一色；风暴雨狂时，这里是惊涛裂岸，白浪滔天。这里游弋着世界上最大的动物——蓝鲸；这里生长着美丽的珊瑚；这里过去曾经是生命的摇篮；这里现在依然是

人类美好的家园——地球

无尽的宝库。

地球上的陆地只占不到 1/3 的面积，却有着复杂多变的景观；有一望无际的平原，连绵起伏的丘陵；有茂密的森林，茫茫的草原；有小桥流水的江南水乡，也有人烟罕至的西域戈壁；有赤道热带的绮丽旖旎；也有南北两极的银装素裹；有刺破青天的喜马拉雅山，也有令人惊心动魄的科罗拉多大峡谷。

在我们的家园，繁衍生息着许许多多的动物、植物和微生物（当然也包括我们人类在内）。

这里是一个植物的世界，没有植物，地球上就没有生命。人类和动物都需要植物来供给食物和氧气。我们餐桌上丰盛的佳肴，身上穿的牛仔装或时装，都直接或间接地来自植物。在各个国家里，都有许多人养花、种菜供人们观赏和食用。科学家从植物中提取各种成分来制药，像治疗疟疾的奎宁、治疗感冒的板蓝根冲剂等。植物的种类很多，外形千姿百态，最小的海洋浮游生物用肉眼是无法看到的，而高大参天的"世界爷"——巨杉，竟有 83 米高，相当于 30 层楼房那么高。它有 3500 年的树龄，树围 31 米，大约要 20 个人手拉手才能围过来。树干基部凿成的隧道竟可通过汽车。

植物的共同特点是它们都能够利用阳光生产自身生长繁殖所需的养分。与动物不同，植物不能自己移动。植物界至少有 30 万个物种。它们分为藻类、菌类、地衣、苔藓、种子植物（由裸子植物和被子植物组成）。我们日常见到最多的是种子植物，它们中有高大挺拔、四季常青的松柏，也有五彩缤纷、芬芳宜人的鲜花。我们吃的谷物、蔬菜、水果也属于这一类。

我们的家园也是个动物的王国。许多人一定看过并且喜爱《动物世界》这个电视栏目。看到那些可爱的野生动物，让我们生活在现代都市的人有种久违了的回归自然的感觉。性情温和、身材矫健的瞪羚在非洲大草原上漫步，高高的长颈鹿从容地俯下头在水边饮水，几只小猎豹相互追逐、嬉戏，成群的大象在泥泽中尽情地沐浴。上万头牛羚随着季节和环境的变化，成群结队，浩浩荡荡长途迁徙的情景，更让人惊心动魄。"鹰击长空，鱼翔浅底，万类霜天竞自由"，呈现出大自然和谐而美丽的画卷。

打开动物王国的大门，首先令我们惊愕不已的是那繁多的种类。动物界的物种可能有 100 万种以上。科学家们为了能把如此众多的动物分清查明，并研究它们彼此的亲缘关系，把动物分成了十几个门，例如海绵动物、

2

腔肠动物、扁形动物、环节动物、节肢动物、软体动物、脊索动物等等。脊索动物又进一步分为无颌纲鱼形动物、鱼类、两栖动物、爬行动物、鸟类和哺乳动物。我们人类就属于最高等的哺乳动物。这些动物，有的我们不熟悉，有的我们不但熟悉，而且与我们的生活密不可分，例如我们穿的皮衣、毛衣、丝绸，我们吃的肉、蛋、奶，预防疾病接种的疫苗，田里劳作的耕牛，疆场驰骋的战马，家中饲喂的宠物等等，真是数不胜数。可以说动物已深入到我们人类生活中的每一个方面。依偎在妈妈怀里的孩子，听的是大灰狼和小白兔的故事，念的是"小白兔，白又白，两只耳朵竖起来"的童谣，看的是米老鼠和唐老鸭的动画片，两只胖胖的小手上抱的是小狗熊或大熊猫的绒毛玩具。上学的孩子，学的是"狐狸与乌鸦"的寓言，背诵的是"两个黄鹂鸣翠柳，一行白鹭上青天"，"左牵黄，右擎苍"，"西北望，射天狼"。看看我们的梨园舞台，这边是孙悟空大闹天宫，那边是白娘子断桥会许仙。一段孔雀独舞令观众如痴如醉，一曲百鸟朝凤更让听者忘记了自己身置何处。再来看看我们的体坛和画苑：使我们强身健体的五禽戏模仿5种动物的姿态竟是如此惟妙惟肖；齐白石的虾、徐悲鸿的马、黄胄的驴又是多么传神。动物已成为我们人类生活中的一个不可缺少的组成部分。

人类的许多创造得到动物的启迪。最早的飞机像鸟，更像蜻蜓；潜艇流线形的造型像鱼，更像海豚；斜拉桥的承重受力分布与猎豹身体极为相似。

因为有了生命活动，我们这个家园变得如此充满活力，如此丰富多彩、美丽多姿。

地球的演化

在宇宙空间，凡是聚集状的天体，只要达到一定的质量，都要产生自转运动和有轨道运动。而我们居住的地球，即是其中的一例。它一面绕轴自转，同时还绕太阳轨道公转。太阳系、银河系，乃至整个宇宙都在不停地运转。在宇宙中，各种天体和天体系统都有自己的运动方式，同时相互进行着物质与能量的转换。不言而喻，地球作为茫茫宇宙间的微小天体，自形成至今，在46亿年的漫长岁月里，由于其他天体及天体系统的影响，

地球的演化

以及所处宇宙环境的不断变化，也无疑是在无休止地进行着物质和能量的转换。

地球在天体运动中所进行的物质与能量的转换是不断变化的。主要表现在以下几个方面。

（1）天体或天体系统，作用于地球总引力场的变化。主要是地球所处天体或天体系统的变化，以及所处宇宙环境的变化。影响地球自身引力场变化的因素是由总引力场影响下的地球公转及自转速率的变化和地球内部物质流动的变化。

（2）作用于地球总电磁场的变化。主要是太阳活动（包括历史的和现状的，内部的和表层的），超新星活动（爆炸），以及地球在银河系轨道（平面和螺旋面）运行时，所引起的自旋熔融状铁液的动态作用变化等。

（3）作用于地球总辐射量的变化（包括输入和输出量）。主要有太阳及超新星活动、彗星活动、流星及陨星活动、地球自身的大气成分变化、地磁场极性变化、地球释热率及大气逃逸率的变化等。

（4）作用于地球总质量的变化（包括大气逸散，向宇宙空间散热以及陨星、宇宙尘埃和小天体的加入）。主要是除释热率和大气逃逸率变化外，还有地球捕获天体物质概率的变化等。

上述变化及其诸因素对于地球的演化起着至关重要的作用。地球的演化，包括其自生成之日起至现今的一切变化。而最引人注目与人类休戚相关的是地球岩石圈、水圈、大气圈及生物圈的不断演化。

地球的演化与它的起源有着直接的关系。地球是太阳系的一员，它与太阳系同时诞生。大约50亿年前，太阳系只是一团原始星云，在万有引力的作用下，形成了中间巨大的发光体（原始太阳）和周围不停地绕其旋转的行星胚胎演化体（原始行星及原始地球）。当时组成原始行星的固态和气态物质，分别是铁、硅、镁及其氧化物；碳、氮、氧及其氢化物；氢、氦、氖等。其中固态物质组成了行星（包括地球）实体，气态物质则组成了最原始大气。由于原始地球引力甚小，加之太阳风的强大威力，很快则将原始大气荡涤一空，告别地球而遨游太空去了。

原始地球在旋转和继续聚集的过程中，由于陨石物质的不断冲击和本身质量的引力收缩及放射性物质的蜕变生热，使其从冷凝状态逐渐升温，甚至超越了铁熔点，致使地球这一凝聚物产生了层圈分化，形成了由重物质组成的地核和地幔和轻物质组成的地壳（岩石圈）。由于此时的地壳薄弱，内部温度又高，故火山活动频繁，内部物质同时分解出大量气体，随火山喷射冲破地壳，而被释放出来，再次形成地球大气。其成分以甲烷、一氧化碳、二氧化碳、氨、氧气、水蒸气、硫化氢、氢气、盐酸等，故称还原大气。还原大气之所以未逃逸，是因其分子量大，运动速度慢。另外此时地球已聚集了足够的质量，而形成了大气圈。

还原大气是发展成生命的最初的原料，加之有太阳的紫外光、放射能、火山活动、陨石冲击、雷电等充足的能源，促进了化学演化的进程。结果使甲烷、氮、水等无机小分子生成氨基酸、嘌呤、嘧啶、核糖、卟啉等有机小分子。

原始地球表面是没有水分的，水分早随第一代大气逃逸到浩瀚无际的太空去了。水是第二代大气的主要成员，且活跃地参与了化学演化。当时因地表温度高，水仅能以蒸气的形态赋存于原始大气之中。随着地表不断散热，而逐渐凝结成液态，年复一年，积少成多，形成了原始海洋（水圈的主要部分）。原始海洋为进一步化学演化提供了最适宜的场所。

在原始地球上出现了有机小分子以后，它必然地向更高级物质形式转化，经多种途径生物大分子蛋白质和核酸的自然合成发生了，但还不是活的，再经多种途径，终于诱发出自我复制的蛋白体，它是由蛋白质和核盐组成的多分子体系，这才称得上生命。生命的诞生是地球上形成生物圈的里程碑。

原始生命在演化过程中不断完善和发展。由初始的非细胞形态，过着异养和厌氧生活，又经历了漫长的演化（大约距今 35 亿年前），形成了原始细胞。众所周知，细胞是生命的结构、功能和生殖单元。那时地球上没有游离氧，大气圈中更没有臭氧层（生命的保护层），而且当时海洋中有机物也是有限的，营异养、厌氧的原始生命长此下去，则要受到限制。生命孕育着无限的变异潜力，由原核细胞演变成真核细胞，真核细胞又分化成

5

单细胞的动、植物。早在化学演化中就由核心卟啉环分成叶绿素的蓝藻，它能进行光合作用，把无机物合成为有机物，过自养生活。光合作用产生氧气，致使大气圈逐渐由还原性向氧化性大气演化，产生了臭氧层，保护了生命，也提高了生物能量的代谢。自养与异养生物组成了对立统一完整的生态系统，为此后的生物圈的演化开辟了崭新的通途，又从单细胞的动、植物演化成多细胞的动、植物，最后随着动物的进化和遗传变异，又在其高级类型中分化出人类。

与此同时，原始海洋在其漫长的演化中由于地球结构水等的加入，才逐渐形成了现今蔚为壮观的海洋。与原始海洋不同的是现代海水蔚蓝苦咸，主要是自然界周而复始的水循环，将陆地的无机盐带入海洋聚集而成。

大气圈的演化，主要取决于自养生物的出现及其光合作用；此外也不能排除高层大气水的光解作用，致使第二代大气演变成现今的第三代大气。

地球自层圈分化以来，随着时空的推移，也在不断地演化，而且各层圈间彼此互相制约和互相促进，朝着新的更高一级的演化方面发展，遵循着宇宙间的永恒规律。

地球的年龄

我们居住的地球从形成至今究竟经过了多少岁月，这是一个曾经使许多人感兴趣的问题，也是近200多年来科学上一直争论不休的问题。

早在中世纪时，信奉上帝的一位犹太学者就企图回答这一问题。他根据《圣经》创世纪的叙述，算出上帝在公元前3761年创造了世界。因此直到今天，还把这一年作为犹太纪元的起算年。但是，同样一本《圣经》，到了1664年爱尔兰大主教乌斯赫手里，却成为地球是在公元前4004年10月23日一个星期天诞生的。

18世纪中叶，法国著名博物学

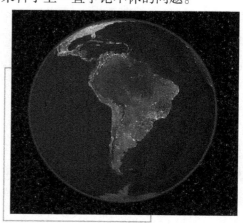

探寻地球的"芳龄"

家布丰计算了地球的熔化及其冷却速度。他证明地球内部具有同铁一样的密度，并假设地球的形成犹如熔化的铁球，经冷却而凝固。他计算出地球的年龄为75万年，并认为直到1.5万年前地球上才出现生命。

19世纪中叶，英国物理学家汤姆森根据地球形成时是一个炽热火球的设想，并考虑了热在岩石中的传导和地面散热的快慢，认为如果地球上没有其他热的来源，那么地球从早期炽热状态冷却到现在这样，至少不会少于2000万年，最多不会多于4亿年。汤姆森公布了这个数字以后，受到了来自两方面的反对。有的人认为，这个数字实在太大了，简直不可思议。但是大多数地质学家和生物学家则认为这个数字偏低。例如著名的"进化论"创立者达尔文就曾在他的名著《物种起源》中评论道："据汤姆森的推断，地壳发生固结的时间不会少于2000万年，或者不会多于4亿年；但可能也不少于9800万年，或者不多于2亿年。这样大的范围，表明这些数据是何等令人怀疑。"在达尔文的概念里，地球形成至今是远不止2亿年的。有意思的是，达尔文的儿子乔治·达尔文在研究月球起源时，提出月球是在5700万年前从地球上分出来的。换句话说，在小达尔文看来，地球的年龄只不过几千万年而已。

当时，不仅达尔文父子存在这种认识分歧，其他人对此也是议论纷纷，莫衷一是。在这种情况下，有些科学家便企图寻找其他可用来计算地球年龄的方法。这时有人想到了海水。由于海水是咸的，而海水之所以咸，是由于众多的河流不断地从大陆溶解盐分，并带进海洋。因此，若能估算出每年从河流带入海里的盐分数量，只要用海水的现有总盐量与它相除，岂不就可以求出积聚这些盐分需要经历多长时间吗？天文学家哈勒据此估算出，每年从陆地带入海洋的钠为 185×10^3 吨，并估算出现代海洋中共有 1413×10^{10} 吨金属钠，由此得出地球的年龄为8900万年。

这个数字还是落在汤姆森计算的范围内。但是有人指出，由于海里的盐在长期的岁月里会有一定消耗的，其中有一部分会凝结沉淀在岩层中，这就使海里累积的总盐量减少，从而使计算的年龄偏低。

后来，另外一些人想出了别的方法。他们也从海洋着手，但不只着眼于盐的积聚，而是从沉积物的总厚度来考虑。根据沉积物逐年增厚这一客观事实，只要知道沉积物增厚的平均速度，就可以根据沉积物的总厚度来求出地球的年龄。倘若以沉积物的沉积速率平均为每3000～10000年增加1

米，而沉积物的总厚度取 100 千米，这样可求出地球的年龄是 3 亿~10 亿年。

这一数值比汤姆森和哈勒算出的年龄都要大，基本上符合当时地质学家对地球有过漫长历史的估计。但汤姆森却不服气，他继续应用各种物理数据来为他的计算方法辩护。应该说，他的方法在当时的认识水平上，是有较可靠的根据的。相反地，沉积物厚度法却存在比较明显的缺点，它的基础数据都是粗略大致的。事实上，不同时间和不同地点的沉积速率有明显的差异，而沉积物的总厚度也会因侵蚀、构造形变和变质作用等原因而难以作出正确的估计。因此，直到 19 世纪末，对地球年龄的估算总的来说都是太低，而且相互矛盾。

1896 年，法国科学家贝克勒尔发现了元素的放射性。1903 年，居里和拉博德在研究放射性物质时，发现它们的温度比周围环境高。3 年以后，斯特拉特发现所有的岩石都含有微量的放射性物质，并向皇家学会做了一个关于地壳中放射物质的分布和地球内部热量的报告。在这个报告中，斯特拉特指出，地球从形成以来并不单纯地在冷却，而是随着组成物质中放射性元素蜕变，不断地获得热能的补充。

正在这个时候，著名的英国物理学家卢瑟福建议，可根据放射性矿物里氦的积聚数量来计算岩石的年龄。博尔特伍德采用了这个建议，创立了铀-铅同位素年龄测定法。经过反复实验，人们发现每 1 吨铀每年可以分裂出 13/100000 克的铅。据此，只要化验出岩石中现有的铀和原子量为 206 的铅的含量，就可以根据放射性蜕变关系式，计算出岩石的形成年龄。后来人们又建立了钾-氩、铷-锶和钍-铅法等 20 多种同位素年龄测定方法，可供选择和相互验证。

通过这些同位素年龄的测定，人们很快发现，许多岩石具有很高的年龄值，有的甚至达到十几亿年、二十几亿年。根据各方面的地质资料来看，这些岩石不是地球的最原始岩石。因此可以想象，地球的年龄还要大得多。然而究竟大多少呢？在 20 世纪 50 年代以前，由于未能找到足以追索地球古老历史的岩石，也由于当时同位素分析技术的限制，使不同研究者仍然得出不同的结果。1948 年苏联地质学家斯特拉霍夫在其所著的《地史学原理》中综述了这些意见以后，认为地球诞生于 30 亿~40 亿年之前。

20 世纪 60 年代以后，随着天体化学的发展和同位素分析技术的提高，人们在广泛测定和分析那些以流星形式坠落地球的陨石年龄后，发现绝大多数的陨石都有很大的年龄，可达45亿~46亿年。60年代末，美国"阿波罗"探月飞行又为人们提供了许多月球岩石的样品，经同位素年龄测定，其中也有不少具有45亿~46亿年的年龄值。

到70年代，人们发现地球上古老岩石中，有格陵兰西部的片麻岩，年龄大于36亿年。中国河北省迁西到内蒙古大青山一带也发现有年龄为36.7亿年的岩石。1983年，人们在澳大利亚西邪尔山28亿年前形成的沉积岩层中，发现含有年龄为42亿年的锆石晶体。这说明，早在42亿年前，地球上就已有了固结的岩石。含有这些锆石晶体的岩石后来受到侵蚀，并在大约28亿年前被搬运、沉积于纳拉邪尔山区。虽然地壳中最古老岩石的年龄并不等于地球的年龄，但至少指示地球的最小年龄。因此可以认为，地球的花岗岩质地壳早在42亿年前就已形成了，地球的年龄无疑要超过42亿年。

铅同位素演化理论的研究为探索地球年龄提供了重要的手段和线索。根据地球起源的星云假说，地球和陨石都起源于同一个星云物质。这样只要除去陨石中因放射性蜕变而亲生出来的铅，就可以知道原始星云的铅同位素组成，亦即地球最初的铅同位素组成。通过与现在地球上的铅同位素组成相比较，可以知道地球上现存的铅中有多少是放射性蜕变的产物。根据铀、钍放射性同位素的蜕变速率，可以求出地球的年龄值。科学家就用这种方法，计算获得了45.5亿年的结果这个结果与对陨石和月岩测定的最大年龄值非常相近。45.5亿年是目前大多数人公认的地球年龄值，但也存在争议。有些研究者出于不同的考虑，主张地球可能有更大的年龄值。如我国著名地质学家李四光先生在他的著作《天文·地理·古生物》一书中，就认为地球大概在60亿年前开始形成，到45亿年前才形成一个地质实体。提出地球"俘获说"的苏联学者施密特，则根据他自己的假说，从尘埃、陨石沉积成为地球的角度进行计算，结果获得76亿年的年龄值。

地球的年龄究竟有多大呢？可以说直到今天还是一个有待解决的疑谜。目前人们多采用45.5亿年作为地球的年龄值。但可以说，这仍然是一个有待于更深入研究的话题。

询问我们的大地母亲的芳龄，也许有伤大雅。但科学是不顾这些繁文缛节的，应该不断地去大胆探索大地所严守的秘密。

9

只有一个地球

当人类出现后，特别是人类活动进入工业革命时期，我们的家园有了翻天覆地的变化。一些曾经是动植物生存的地方变成了人类居住的村庄、城镇和都市。一些鱼儿洄游的河流上矗立起了它们难以逾越的大坝。数以万计的人工合成的化学物质进入到我们家园的天空、土壤、河流和海洋，进入到我们家园每个成员的身体里。对于我们的美丽家园，这些化学物质完完全全是陌生的，没有谁会知道它们将给我们的家园带来怎样的命运。

正当人们为自己历经数代苦苦构筑的现代文明沾沾自喜的时候，无论如何都没有想到，我们在欲望的膨胀中丧失了理性，正在亲手把自己葬送在这种文明里面：在冷酷的掠夺中毁坏我们赖以生存的家园，茂密的森林被无情地砍去，使

荒漠化的草原

日益扩大的沙漠

绿色的园地成为一个千疮百孔的坟墓，留下干枯的枝干和无边的沙漠。

2008 年 7 月，我国林业部门通过卫星监测结合地面调查发现，位于我国西部总面积分别为 5 万平方千米和 3 万平方千米的巴丹吉林沙漠和腾格里沙漠之间出现了三条新的黄沙带，将这两大沙漠连了起来。生态专家惊呼，两大沙漠"握手"了。

沙尘压城城欲摧

上海六大城市累计污染带长度占长江干流污染带总长的73％。这次活动的发起、策划与全程见证者，中国发展研究院执行院长章琦教授，在接受记者专访时称：长江已陷入深度危机，若不及时拯救，10 年之内，长江水系生态将濒临崩溃。

人类的朋友，大自然中平等的成员，鸟类、动物正慢慢走向灭绝，这一灭绝速度，比自然淘汰的

沙尘暴正以惊人的速度南下，沙来人退、河流干涸、草原沙漠化，都在短短的几十年内发生。

全国政协与中国发展研究院联合组成"保护长江万里行"考察团，历时 12 天完成了对长江沿岸 21 个城市的考察，揭示了长江污染的真实现状：工业污水直排导致江水重金属含量高，长江部分地区成癌症高发区。在干流 21 个城市中，重庆、岳阳、武汉、南京、镇江、

被污染的长江

速度快了数倍……

蓦然回首，地球母亲已经满目疮痍、痛苦不堪！人类只有一个地球，人类只有这一个家园，谁为这最后的家园守护？谁为这最后的家园呐喊？

干涸的河床

保护我们共同的家园

　　近年来，全球气候和环境发生了急剧变化，人类活动对地球造成越来越大的压力。面对生存环境的变化，人类并非无动于衷。国际社会和各国政府都在积极作出反应，将保护地球环境问题纳入到主流发展日程中来。2004 年诺贝尔和平奖首次授予了一位环保人士——带领肯尼亚妇女绿化全国的肯尼亚环境部副部长旺加里·马塔伊，就是国际社会对环境与和平发展关系有了更深层次认识的证明。

　　最近几年来已有一系列有关环境的全球公约得以通过并实施。2000 年的联合国千年首脑会议通过的"千年发展目标"中有相当一部分与环境保护问题有关。2002 年可持续发展世界首脑会议上也就生物多样性及化学品管理等问题达成了协议。2004 年 6 月在德国召开的国际可再生能源会议上，与会各国通过了一项可再生能源国际行动计划，包括中国在内的 20 多个国家还就各自的能源可再生利用目标作出了承诺。全球瞩目的旨在控制温室气体排放的《京都议定书》也签署生效。这一系列的国际公约有利于推动环境问题的国际合作，并巩固和加强各国在环保目标上的承诺。

　　2005 年，联合国还将完成有关减少灾害及小岛国发展等方面的环境和可持续发展条约的 10 年回顾。由联合国教科文组织和联合国环境规划署牵头的联合国可持续发展 10 年教育计划也已启动。另外，国际社会还召开有关湿地、物种迁移以及沙漠化等问题的全球会议。

　　在世界各国，保护地球环境已经成为共识。作为一个负责任的大国，中国在地球环境保护领域也做出了突出的贡献，并得到国际社会承认。联合国环境规划署宣布，中

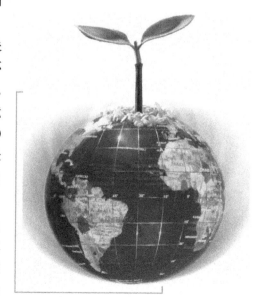

保护我们的家园

华全国青年联合会及其名誉主席周强获得首届"地球卫士奖"。

尽管人类保护地球的行动取得了一些成果，但我们所面临的挑战依然严峻。

近几年人类的健康正在受到新的威胁，非典等一些新的疾病相继出现，而流感、疟疾等旧有疾病则开始以新的变异抗药形式出现，另外结核病等原已得到遏制的疾病又开始了新一轮的反扑。亚洲国家出现的禽流感以及安哥拉的马尔堡出血热也引起了全世界人们的关注和恐慌。

人类活动对自然环境的破坏是这些疾病肆虐的原因之一。尽管环境因素在其中作用的方式和程度我们还不甚了解，但正确的环境政策和管理对控制这些新老传染性疾病无疑将起到关键的作用。

另外，近年来由于温室气体排放造成的全球变暖越来越明显，它的一个严重后果是造成海洋环流变化。而控制温室气体排放的《京都议定书》虽然已经正式生效，但是美国等发达国家出于本国经济发展考虑，拒绝批准《京都议定书》。联合国环境规划署执行主任特普费尔就曾表示，缺乏头号温室气体排放者美国的参与，国际社会不可能制定出有效的气候变化政策。

人类保护地球、维持可持续发展的努力将是一场永无止息的战斗，因为生产活动的不断发展，新技术的不断出现会给我们带来一个又一个新的挑战。要想在这场战斗中取得胜利，个人、社会团体、各国政府以及国际社会必须全体行动起来，共同为保护我们赖以生存的家园而努力。

人类的土地资源

土地，这个世间万物的载体，是她养育了我们人类，给了人类一切；是她的坦裸坚实培育了我们质朴的胸怀，赋予了我们无穷的智慧。

土地资源的概念

土地资源是指已经被人类所利用和可预见的未来能被人类利用的土地。土地资源既包括自然范畴（即土地的自然属性），也包括经济范畴（即土地的社会属性），是人类的生产资料和劳动对象。

土地资源指目前或可预见到的将来，可供农、林、牧业或其他各业利用的土地，是人类生存的基本资料和劳动对象，具有质和量两个内容。在其利用过程中，可能需要采取不同类别和不同程度的改造措施。土地资源具有一定的时空性，即在不同地区和不同历史时期的技术经济条件下，所包含的内容可能不一致。如大面积沼泽因渍水难以治理，在小农经济的历史时期，不适宜农业利用，不能视为农业土地资源。但在已具备治理和开发技术条件的今天，即为农业土地资源。由此，有的学者认为土地资源包括土地的自然属性和经济属性两个方面。

土地资源是在目前的社会经济技术条件下可以被人类利用的土地，是一个由地形、气候、土壤、植被、岩石和水文等因素组成的自然综合体，也是人类过去和现在生产劳动的产物。因此，土地资源既具有自然属性，也具有社会属性，是"财富之母"。土地资源的分类有多种方法，在我国较普遍的是采用地形分类和土地利用类型分类：

（1）按地形，土地资源可分为高原、山地、丘陵、平原、盆地。这种分类展示了土地利用的自然基础。一般而言，山地宜发展林牧业，平原、盆地宜发展耕作业。

（2）按土地类型利用，土地资源可分为已利用土地耕地、林地、草地、工矿交通居民点用地等；宜开发利用土地宜垦荒地、宜林荒地、宜牧荒地、沼泽滩涂水域等；暂时难利用土地戈壁、沙漠、高寒山地等。这种分类着眼于土地的开发、利用，着重研究土地利用所带来的社会效益、经济效益和生态环境效益。评价已利用土地资源的方式、生产潜力，调查分析宜利用土地资源的数量、质量、分布以及进一步开发利用的方向途径，查明目前暂不能利用土地资源的数量、分布，探讨今后改造利用的可能性，对深入挖掘土地资源的生产潜力，合理安排生产布局，提供基本的科学依据。

它有如下几个特征：

（1）土地资源是自然的产物；
（2）土地资源的位置是固定的，不能移动；
（3）土地资源的区位存在差异性；
（4）土地资源的总量是有限的；
（5）土地资源的利用具有可持续性；
（6）土地资源的经济供给具有稀缺性；
（7）土地利用方向变更具有困难性。

耕 地 资 源

耕地是由自然土壤发育而成的，但并非任何土壤都可以发育成为耕地。能够形成耕地的土地需要具备可供农作物生长、发育、成熟的自然环境。具备一定的自然条件：①必须有平坦的地形，或者在坡度较大的条件下，能够修筑梯田，而又不至于引起水土流失，一般超过25°以上的陡地不宜发展成耕地；②必须有相当深厚的土壤，以满足储藏水分、养分，供作物根系生长发育之需；③必须有适宜的温度和水分，以保证农作物生长发育成熟对热量和水量的要求；④必须有一定的抗拒自然灾害的能力；⑤必须达到在选择种植最佳农作物后，所获得的劳动产品收益能够大于劳动投入，取得一定的经济效益。凡具备上述条件的土地经过人们的劳动可以发展成为耕地。这类土地称为耕地资源。耕地资源包括两种类型：一是已开发利用的土地，即耕地；二是尚未开发利用的土地，即荒地。

耕地资源

耕地总资源指能够种植农作物的田地。包括当年实际耕种的熟地；新开荒且已种植的地；"沿海"、"沿湖"地区已围垦利用三年以上的"海涂"、"湖田"；弃耕、休耕不满三年，随时可以复耕的地；因灾害或其他因素，虽然当年内未种植农作物但仍可复耕的地；以种植农作物为主，附带种植桑树、果树和其他林的地；年年进行耕耘种草的地。不包括因灾害或其他因素，已不能复耕的地；弃耕、休耕满三年的地，或者虽不满三年，但已经成为荒地的土地；不进行耕耘，净地种植牧草已成为永久性草地的土地；专业性的桑园、茶园、果园、果木苗圃林地、芦苇地、天然草场等；以混凝土等铺设的温室、玻璃室，导致栽培的植物体与地面隔绝的基地。

耕地资源分类

（1）根据耕地性质，耕地总资源又分为常用耕地和临时性耕地。

常用耕地：是指专门种植农作物并经常进行耕种、能够正常收获的土地。包括土地条件较好的基本农田和虽然土地条件较差，但能正常收获且不破坏生态环境的可用耕地。常用耕地作为我国基本的、宝贵土地资源，受到我国《土地法》严格保护，未经批准，任何个人和单位都不得占用。

临时性耕地：又称"帮忙田"，是指在常用耕地以外临时开垦种植农作物，不能正常收获的土地。包括临时种植农作物的坡度在25°以上的陡坡地，在河套、湖畔、库区临时开发种植农作物的土地，以及在废旧矿区等地方临时开垦种植农作物的成片或零星土地。根据我国《水土保护法》规定，现在临时种植农作物坡度在25°以上的陡坡地要逐步退耕还林还草，在其他一些地方临时开垦种植农作物，易造成水土流失及沙化的土地，也要逐步退耕。因此，我们又可称这部分临时性耕地为待退的临时性耕地。

（2）根据耕地当年利用情况可分为当年实际利用的耕地和当年闲置、弃耕的耕地。

当年实际利用的耕地：指当年种植农作物的耕地。

当年闲置、弃耕的耕地：指由于种种原因，当年未能种植农作物的耕地。包括轮歇地，休耕地，因干旱、洪涝及其他自然和经济原因农民未能种植农作物的耕地。

（3）根据耕地的水利条件，可分为水田和旱地。旱地又分水浇地和无水浇条件的旱地。

水田：指筑有田埂（坎），可以经常蓄水，用来种植水稻、莲藕、席草等水生作物的耕地。因天旱暂时没有蓄水而改种旱地作物的，或实行水稻和旱地作物轮种的（如水稻和小麦、油菜、蚕豆等轮种），仍计为水田。

旱地：指除水田以外的耕地。旱地包括水浇地和无水浇条件的旱地。

水浇地：是指旱地中有一定水源和灌溉设施，在一般年景下能够进行正常灌溉的耕地。由于雨水充足在当年暂时没有进行灌溉的水浇地，也应包括在内。没有灌溉设施的引洪淤灌的耕地，不算水浇地。

无水浇条件的旱地：是指没有固定水源和灌溉设施，不能进行正常灌溉的旱地。

世界耕地资源概况

世界耕地资源的数量正在减少，后备耕地资源有限，耕地质量受到严重退化的威胁。

世界上现有耕地13.7亿公顷，但每年损失500万～700万公顷。在许多发展中国家，人口众多且增长迅速，而可供开垦的土地资源已十分有限，人与土地资源的矛盾日益突出。联合国环境规划署（UNEP）主持的一份新的研究报告中指出，过去的45年中，由于农业活动、砍伐森林、过度放牧而造成中度和极度退化的土地达12亿公顷，约占地球上有植被地表面积的11%。据UNEP统计，世界旱地面积32.7亿公顷，受沙漠化影响的就有20亿公顷，占61%之多。世界每年有600万公顷土地变成沙漠，另有2100万公顷土地丧失经济价值。沙漠化威胁着世界100多个国家和8亿多人口。世界上大部分地区都存在土壤侵蚀问题，每年流失土壤达250亿公顷，高出世界上土壤再造速度数倍。全世界每年由于水土流失损失土地600万～700万公顷，受土壤侵蚀影响的人口 80% 在发展中国家。全世界 12 亿公顷中度、严重和极度退化的土壤中，亚洲面积最大，占全世界的 37.8%；其次为非洲，占世界的 26%；第三位是欧洲，占全世界的 13%。从本区域的相对危害程度来看，中度以上退化率最高为中美洲和墨西哥，退化率为 24%，其后为欧洲（17%）、非洲（14%）和亚洲（12%）。

黑 土 地

黑土地是大自然给予人类的得天独厚的宝藏，是一种性状好、肥力高，非常适合植物生长的土壤。全世界仅有三大块黑土区：

（1）分布在乌克兰大平原，面积约 190 万平方千米；

（2）分布在北美洲密西西比河流域，面积约 120 万平方千米；

（3）分布于我国松辽流域的东北黑土区，面积约 102 万平方千米，是被誉为"北大仓"的我国重要的商品粮基地。

由于黑土地土壤肥沃，这三大块黑土区均为所在国家的重要的农业产品基地，因此，三大黑土区的垦殖指数均比较高。在各黑土区的开发垦殖过程中，都曾发生过严重的水土流失问题，如美国、乌克兰等地发生的"黑风暴"等。

以弯月状分布于黑龙江、吉林两省的黑土带是中国最肥沃的土地。总面积为 1000 万公顷，目前已开垦出耕地 700 多万公顷，其粮食产量已占两省的 60% 以上，是中国最大的商品粮生产基地。因黑土层厚度为 30～100 厘米，人们总用"一两土二两油"来形容它的肥沃与珍贵。中国东北黑土区在近百年的大面积开发垦殖过程中，亦发生了严重的水土流失问题，主要表现

黑土地

18

在大面积坡耕地的黑土层流失和水土流失中形成的侵蚀沟。这些水土流失问题带来的不仅是黑土资源的流失问题，同时，也带来了严重的环境生态问题，甚至社会问题，如农牧民赖以生存的土地资源和收入问题。严重的水土流失正使中国肥沃的东北黑土地变得又"薄"又"黄"，专家警告说，如果再不抓紧防治，"黑土地"也许将成为书本上的一个历史名词。

据专家介绍，每生成1厘米黑土需要200～400年时间，而现在黑土层却在以近1厘米/年的速度流失，每年流失掉的黑土总量达1亿～2亿立方米，光是跑掉的氮、磷、钾养分就相当于数百万吨化肥。土壤中有机物质含量比开垦前下降近2/3，板结和盐碱化现象严重。黑土的流失与黄土不同，黄土高原只是把土层流薄了，但还能长庄稼；而黑土一旦流失光，将寸草不生。

黑土地是地球上最珍贵的土壤资源，地球上一共有3块黑土地，其中一块就在我国东北地区。我国东北黑土区主要分布在松辽流域，总面积102多万平方千米，其中典型黑土区面积约17万平方千米。这里是我国主要的商品粮基地，每年生产225亿～250亿千克的商品粮。近年来，由于自然因素制约和人为活动破坏，东北黑土区水土流失日益严重，生态环境日趋恶化。现在，东北典型黑土区有水土流失面积4.47万平方千米，约占典型黑土区总面积的26.3%。据调查，黑土区平均每年流失0.3～1.0厘米厚的黑土表层，土壤有机质以0.001平方千米/年的速度递减，由于多年严重水土流失，黑土区原本较厚的黑土层现在只剩下20～30厘米，有的地方甚至已露出黄土母质，基本丧失了生产能力。据测算，黑土地现有的部分耕地再经过40～50年的流失，黑土层将全部流失。

为了拯救这块宝贵的黑土地，水利部松辽委曾主持编制了《黑土区1999～2050年水土保持生态环境建设规划》、《松花江流域中上游水土保持生态环境建设项目建议书》和《辽河流域中上游水土保持生态环境建设项目建议书》，并由东北四省区政府联合上报国务院，引起了国务院有关部门的高度重视。

林 地

林地是指成片的天然林、次生林和人工林覆盖的土地。包括用材林、经济林、薪炭林和防护林等各种林木的成林、幼林和苗圃等所占用的土地，不包括农业生产中的果园、桑园和茶园等的占地。在《中华人民共和国森林法》中，对林地所作的解释是："林地包括郁闭度 0.2 以上的乔木林地竹林地，灌木林地疏林地，采伐迹地，火烧迹地，未成林造林地，苗圃地和县级以上人民政府规划的宜林地。"

按土地利用类型划分，林地是指生长乔木、竹类、灌木、沿海红树林的土地，不包括居民绿化用地，以及铁路、公路、河流沟渠的护路、护草林。

林地又分出有林地、灌木林、疏林地、未成林造林地、迹地和苗圃 6 个二级地类。

主要用于林业生产的地区或天然林区统称为林地。世界的天然林区主要分布在热带雨林带和亚寒带针叶林带，以及中、低纬度的山区。据 1992 年统计，世界森林面积为 38.6 亿公顷，森林覆盖率约为 30%。我国宜林地面积约占全国土地面积的 25% 以上。1994 年底我国森林覆盖率为 13.9%。

林地分类

序号	一级	二级	三级
1	有林地	乔木林	纯林
			混交林
		红树林	
		竹林	
2	疏林地		
3	灌木林地	国家特别规定灌木林	
		其他灌木林	
4	未成林造林地	人工造林未成林地	
		封育未成林地	
5	苗圃地		
6	无立木林地	采伐迹地	
		火烧迹地	
		其他无立木林地	
7	宜林地	宜林荒山荒地	
		宜林沙荒地	
		其他宜林地	
8	辅助生产林地		

草场资源

　　草场是农业用地的一种，指用于畜牧业生产的土地。包括天然牧场、割草场、人工草场、半人工草场、草库伦及饲料轮作区。天然草场按植物区系的特点和植被分布的地带性规律，分为森林草原、草原、荒漠草原。还可根据草场地带性植被基本型，结合大地貌特征的一致性，植被亚型与土壤母质条件的一致性，植物群落中优势植物与利用方式的一致性，采用三级分类系统，分成若干草场类型。按人类干预程度分为天然草场、人工草场、半人工草场。按利用季节分为夏秋草场、冬春草场。牧地是发展畜牧业不可缺少、不可代替的生产资料，故保护、利用、改造、建设牧地，提高其生产能力，是发展畜牧业、实现稳产高产的根本措施。世界上的牧地及草场总面积约有 31.17 亿公顷，占陆地总面积的 23.3%。其中以澳大利亚、乌克兰、中国、美国、巴西等国面积最大。中国的草场属于亚欧大陆草原的一部分，面积达 3.15 万公顷，约占国土总面积的 1/3，呈带状分布，北起松嫩平原和呼伦贝尔草原，经内蒙古高原、鄂尔多斯高原折向西南，一直到青藏高原南缘，绵延 5000 多千米。其类型分成北方牧区的温带草原，青藏高原的高寒草原，新疆天山、阿尔泰山荒漠区的山地草原。由于草原质量不高，加之利用不合理，草场不断退化，必须采取有力措施加以整治，提高产草量和载畜量。

　　草场资源又称草地资源。指生长多年生草本植物（或可食灌木）为主的、可供放养或割草饲养牲畜的土地。1985 年世界草地面积31.7 亿公顷，占全球陆地总面积的21.2%。其中以温带草原分布最广，如亚欧大陆中部、北美洲中南部、南美洲中南部、非洲部分地区及大洋洲的澳大利亚和新西兰。此外尚有热带草原和山地草原。草原

草场资源

中最优良的为豆科牧草，其次是禾本科牧草。草场资源是发展畜牧业的前提条件。草场的质量对畜群的构成和载畜量影响较大。通常水草丰富的高草草原适于放牧牛、马等大牲畜；荒漠草原多为小型丛生禾草，可放牧羊群；以灌木、半灌木为主的稀疏荒漠草原，只能放牧骆驼和山羊。草场资源是生物圈的重要组成部分，在维持生物圈的生态平衡上起着重要作用。同时，它自身又是一种复杂的生态系统，在合理利用条件下，能不断更新和恢复。若外界自然条件恶劣，特别是人为因素（如滥垦和过度放牧），破坏了生态系统，甚至超过调节极限，则会造成不良后果，甚至引起沙漠化。

世界十大草原

世界上有大片的草地，分布在全球的不同地区，由于所处地理纬度的差异，造成的气候条件也有不同，加上迥异的周边地形的影响，使得不同地区的草地各有不同。

这些不同表现在很多方面，首先土壤的成分、结构就不一样；生长发育的草原植物的种类、景观也截然不同；活动于其中的动物如小型走兽、鸟类、昆虫以及微生物也都有很大区别。同时，由于生活在不同的草原上的人们拥有不同的文明，具有不同的文化背景、生活习俗和生产习惯，他们的活动也对该处的草原造成了不同的影响。

下文从不同的方面，挑选出了草原十最，包括了世界上最为常见的一些草原类型。

1. 最"豪华"的草原

世界上所有草地中组成最复杂、景观最华丽、产量最高、自然条件最为优越的一类草原不在别的地方，就在内蒙古东部呼伦贝尔盟、锡林郭勒盟东部以及其他类似的一些地区，这就是温带草甸草原。

温带草甸草原是森林向草原过渡的一种植被类型，形成在比较湿润的气候条件下，年降水量一般在 450 毫米左右。土壤为栗钙土。这类草原植物种类组成相当复杂，一般每平方米内有不同植物 5 种，其中多数是对水分条件要求较高的种类，如贝加尔针茅、地榆、黄花、日阴菅等等。草甸草原植物群落的高度可达到 40～50 厘米，每公顷可产干草 1600～2400 千克，因而是温带草原中产量最高的一种类型。这类草原是发展牛、马等大家畜较好的畜牧业基地，也是草原生态旅游极好的去处。但是这类草原自然条件较好，因而被开垦作农田，种植春小麦、油菜的面积较大。也正由于如此，草甸草原保存面积不大。而一旦被开垦为农田，则严重退化现象将不可避免地发生。

内蒙古草甸草原

2. 最"典型"的草原

在那么多类型的草原中，哪一种草原最典型和最有代表性呢？所谓最典型，就是说它的气候、植物、动物、土壤等最能代表草原的生态环境。根据各方面的研究，一致认为大针茅典型草原是最有代表性的类型。为什么呢？因为大针茅草原形成的自然条件是温暖半干旱的气候，年降水量平均350毫米左右，土壤为栗钙土。主要分布于内蒙古高原的中部地区。组成大针茅草原的植物约60种，每平方米15种左右。主要有大针茅、羊草、克氏针茅、冷蒿、苔草、知母、糙隐子草等。这一类草原平均高度30厘米左右，每公顷产草量1300~2000千克。在土地利用上主要是用于打草场，局部地区为放牧场。但如果用于放牧，由于大针茅的果实有很强的芒针，常常刺入羊皮，在羊皮上留下许多针孔，会影响羊皮的质量。这一类型草地不可开垦为农田。大针茅典型草原面临的最大问题是生态系统的退化。

东北芦苇沼泽草地

3. 最"湿润"的草地

草原多形成于干旱、半干旱气候条件下，降水量较少，土壤和大气很长时间内都处于很缺水的状态。但是有一种草地不仅不缺水，而且很湿润，这就是沼泽，它是草地的一种。在我国辽阔的东北平原，除羊草草地外，还有大面积的沼泽草地。沼泽草地主要分布于相对低洼的地方，如齐齐哈尔附近的札龙。沼泽草地植被的植物种类组成比较简单，主要以禾本科植物为主，如芦苇、香蒲、菱笋等，芦苇沼泽草地植物高度一般较高，可达到150~250厘米，生物量较高，每公顷可产干草3000千克，沼泽草地常与大面积的水体相连，因而常成为湿地的重要组成部分。由于沼泽草地特殊的生态环境，所以成为许多候鸟迁徙停留之处，如有名的丹顶鹤和许多其他鹤类，从3月底到8月底常在这些地区停留、繁殖、生活。因而在这些地区建立自然保护区就十分必要。我国有名的扎龙、向海、达里诺尔等自然保护区就是这方面的代表。这类沼泽地有绝佳的景观和极好的科研价值，所以要很好保护。

4. 最"干旱"的草原

最湿润的草地是沼泽，那么最干旱的草地是什么呢？地球上最干旱的草地是——荒漠草原。

荒漠草原

荒漠草原是草原向荒漠过渡的一类草原，是草原植被中最干旱的一类草原。在我国，荒漠草原主要分布于内蒙古的京二线以西地区，如西苏旗等地。这类草原年降水量一般只有200毫米左右，生产力较低，平均每亩（1亩≈666.67平方米）约455千克。不过在这些地区有许多特殊的植物很有价值，

24

发菜就是其中一种。发菜是一种低等植物，形状如头发，故而得名。因其蛋白质含量较高，更重要的是因为发菜与"发财"谐音，因而受到希望发财的人们的喜爱。搂取发菜对草场常造成严重破坏，故我国政府命令禁止搂取发菜，自2000年起更颁令取缔发菜市场。荒漠草原地区生态环境严酷，放牧牛、绵羊都很困难，只有山羊、骆驼等可以生存。

5. 最"干热"的草地

在我国云南南部元江、澜沧江、怒江及其若干支流所流经的山地峡谷地区，分布着我国最为干热的草地，这里气候炎热而干旱，年降雨量小于1000毫米，集中于雨季，而旱季较长，蒸发量一般大于降雨量的2～4倍，具有非常明显而特殊的干热河谷气候。土壤是红褐色的红壤，多含砂质和石砾或碎

干热河谷稀树草原

石。水土流失严重，土层浅薄而贫瘠，在河漫滩以上较低的台地上，首先形成稀疏的旱生草丛，逐渐演化形成稀树草原。

元江干热河谷的稀树草原，以扭黄茅为主构成草本层，高度达60～80厘米，地面覆盖度可达到90％。草本层中还有双花草、小菅草等。灌木生长分散，丛生，高度多在100厘米以下，覆盖度很小，虾子花、疏序黄荆、红花柴、元江羊蹄甲、火索麻、朴叶扁担杆等有零星分布。稀疏孤立的乔木树种，一般高3～7米，树种有木棉、厚皮树、毛叶黄杞、火绳树、余甘子、九层皮等。这种稀树草原多作为放牧场，也种植某些热带作物。但由于自然条件较差，土壤贫瘠，所以生产力都较低。

6. 最"高寒"的草地

世界上海拔最高、温度最低、气候最寒冷、自然条件最为严酷的草地分布在我国的青藏高原。

青藏高原是我国第三个地形阶梯，其海拔高度都在3000米以上。这里温度低，气候寒冷，太阳辐射强，尤其是紫外线辐射高，风大、风多，植

25

高寒草甸

物生长期很短。土壤被强烈风化，且土层浅薄。在这种条件下生长的植物必定能适应这一恶劣的生态环境，蒿草等植物就具备这一能力。在青藏高原有大面积的以蒿草为主的草地。如西藏东部青海东南部、以及阿坝等比较湿润地区。而构成这一草地的植物，除蒿草外，还有高禾草、苔草及杂类草等，蒿草高寒草甸草丛平均高度低于 20 厘米，产草量较低，但地下部分生物量很高，而且植物地下部分根系纵横交错，密集成网，十分发达。这类草地由于温度低，故有机物质分解很慢，土壤有机质含量很高，但有效养分常很缺乏。青藏高原的这种高寒草甸由于草质柔软，营养丰富，食口性强，是很好的牧场，家畜也很具特色，牦牛、藏羊是其代表。同样由于长期以来的重农轻牧，以及重家畜而轻草场的观念与政策，所以青藏高原高寒草地也同样面临着严重的退化问题。

7. 最"耐盐"的草地

在我国内蒙古、陕北、宁夏、青海、甘肃和新疆等省区，分布着较大面积的盐生草甸，这是一种最耐盐的草地，这种草地由具适盐、耐盐或抗盐特性的多年生盐生植物（包括潜水中生植物）所组成。盐生草甸由于环境条件严酷，种类组成比较贫乏，很多种类具有适应盐化土壤的特征。有些种类根系很深（如大叶白麻、甘草、芨芨草），以躲避含盐量很高的表层土壤；有的叶肉质化（如西伯利亚蓼、盐爪爪等）；有的通过向外分泌盐分以避免过剩金属离子的危害（如补血草、柽柳

盐生草甸

等）。芨芨草盐生草甸是其中一个代表，这种草甸中的芨芨草为盐生旱生禾草，生态适应幅度很大，常形成巨大的密丛，草丛高一般100～150厘米，高者可达200厘米，叶层高60～80厘米；群落的种类常有10多种，总盖度40%～60（80）%。因地下水位深浅和盐渍化程度的不同而形成各种不同群落。与芨芨草一起还有赖草、小獐茅、芦苇、鹅绒委陵菜、野胡麻、肉叶雾冰藜、樟味藜等。

芨芨草草甸产草量变动较大，亩产鲜草一般为200～300千克，高者可达500千克；芨芨草幼嫩时期草质较好，花期以后秆硬叶枯，草质显著变差。

芨芨草草甸广泛地作为天然放牧场利用，主要是大牲畜的冬季放牧场，春秋也常利用，部分地区也放牧羊群，特别是寒冷季节和干旱时期，牧草缺乏，但它能残存。

8. 最"漂亮"的草原

在新疆阿尔泰山以及塔尔巴哈台山、乌尔卡沙尔山、沙乌尔山等山地分布着最漂亮的山地草原，这里的草原与哈萨克斯坦的草原连为一体，成为欧亚大陆草原的一部分。

这一草原区域，山前平原及低山区的降水量为120～200毫米，随着海拔升高，有所增加；1500～2000米的中山地带降水量可在500毫米以上。降水量的季节分配特点自西北向东南有很大差异。其中夏季降水量占30.6%，春季占21%，冬季占18%，秋季占30%，降水分配还比较均匀。

这一草原以广泛分布的沙生针茅为其重要特点。其次还有沟叶羊茅、小蒿等。这一草原区是新疆最重要的畜牧业基地之一。其天然草场有效利用面积占全新疆的1/5，在全新疆草场平衡中的载畜能力为1/4。草场的主要缺点是冬场面积太小，所以四季草场不平衡，夏场有富余，冬场不足，这种情况成

山地草原

为更进一步发展畜牧业的严重障碍。所以改良冬场，建立稳产高产的人工饲草饲料基地，是保证该地区畜牧业发展的重要措施。

9. 最"肥沃"的草原

地球表面有 20% 的面积都是草地，如此大面积的草地，形成于不同的气候条件下，表现出不同的外貌特征，并具有不同的动植物种类组成。草地科学家将其划分为不同的草地类型，如高草原、矮草原以及稀树干草原、荒漠、草甸等。在这些不同类型的草原中，高草原是生产力最高、土壤最为肥沃的类型。

加拿大高草原

高草原是指草丛高度 1 米左右的天然草地。这类草原多形成于降水量 500 毫米左右比较好的气候条件下。在优良的气候条件下，为植物生长提供了好的环境。因为植物种类丰富，植物生产力高，植物地上部分以及根系生物量都很高，这就为有机质的积累与分解提供了好的物质基础。因之形成了土层深厚、有机质含量较高、肥沃的土壤。由于这类草原条件较好，所以大都被开垦为农田。如我国的东北、乌克兰、美国的南部等地。而且成为好的玉米、小麦产地。而保存较好的高草原在阿根廷、乌拉圭、巴西等国仍有较大面积，这些地区的牧草是发展草地畜牧业的主要资源。

10. 最"脆弱"的草原

与高草原不同的是矮草原，矮草原是指草丛高度 50 厘米左右的天然草地。这类草原形成于降水量低于 400 毫米的气候条件下。这类草原植物种类组成比较简单，产草量较低，自然条件较差。如欧亚草原的中部，美国西部、非洲荒漠的外围等。从全世界来看，这类草原多数都还保存着原始面貌，没有开垦为农田，主要用于放牧，饲养羊、牛等，是重要的畜牧业基地之一。由于这类草原生态环境比较差，故一旦被开垦，常引起沙化，遇恶劣气候条件可形成"黑风暴"。美国在20世纪30年代，苏联在50年代发生过的黑风暴事件，都是在这种背景下发生的。我国

美国西部的矮草原

频繁发生的沙尘暴，其沙尘来源也与矮草原退化有关。

29

土地：人类的"家底"

人类还剩多少"家底"

土能生万物，地可发千祥。土地是一切生产和一切存在的源泉。今天的科学技术虽为人类的食物来源展现了异常迷人的前景，可是，还没有任何一个科学家敢断言，将会有某种物质来代替土地而成为人类食物的源泉。

土，来之不易。光秃坚硬的岩石，需历悠悠万年岁月，经光、温、水、风的作用，才能风化为疏松细碎的"风化层"。这种仍属"半成品"的"成土母质"还需通过微生物旷日持久的参与，方可逐渐形成具有肥力的、能生长植物的土壤。而能使作物安居乐业的农业土壤，即耕地，则是人类对土壤开垦、耕种、施肥、灌排、不断改造利用的劳动产物。

那么，人类生于斯、长于斯的地球上究竟还有多少土地呢？

在地球上，陆地面积有14800万平方千米，其中近1400万平方千米被冰雪覆盖着，所以，实际上受人类支配的土地大约只有13400万平方千米。在这当中，耕地约占10.8%，草原和牧地约占22.3%，林地约占30.1%。在13400万平方千米的土地上，按当今世界人口计算，人均拥有量约为0.024平方千米。由于世界人口分布的不平衡，世界各国人均土地拥有量的

差异是非常大的。

土壤如此重要和难得，理应倍加珍惜，但实际上其遭遇却颇为不幸：

土壤侵蚀，触目惊心。由于森林、草地被破坏，土壤失去了"绿色保姆"的庇护，使土壤侵蚀犹如火上添油。据报道，全世界地面每年约有270亿吨土壤流失，美国每生产1磅（1磅≈0.45千克）谷物就要流失近10磅土壤，难怪有人感叹地说，美国每出口1吨小麦，同时也从密西西比"出口"10吨左右的土壤。中国大陆的水土流失面积约150万平方千米，每年付诸东流的沃土达50亿吨以上，相当于全国耕地每年被剥去1厘米厚的肥土层，损失氮、磷、钾等肥料4000多万吨，这个数字等于全国一年生产化肥量的总和。仅黄河流域，每年就要流失土壤16亿吨，难怪有人说黄河流走的不是泥沙，而是中华民族的血液。

耕地被占，代价沉重。贪图近期或局部利益，不惜以沃土良田大兴土木，农作物失去了用武之地。据统计，在过去的几十年内，中国被占耕地面积达数亿亩之巨。此外，肉眼难辨的土壤污染也在悄悄产生，不仅土壤微生物和肥力受损，影响农作物生长和品质，而且间接危害人类的健康。

乱施滥用，劣化严重，由于过度放牧、不适当地使用农药，以及风害、盐害等原因，地球上土壤的劣化正日趋严重，土地已不堪重负。墨西哥国立自治大学国际土壤学研究中心和联合国环境规划署等一些国际组织的200多位科学家经过两年多的调查研究，认为地球上土壤退化的程度已经到了令人担忧的地步。在1945～1990年的45年中，全世界约有1246万平方千米的土壤不同程度地遭到破坏，它相当于地球上11%的植被面积。其中937万平方千米的土壤遭到中等程度的破坏，300万平方千米的土壤遭到严重破坏，另有相当于全世界植被面积1%的土地变成了不毛之地。其中墨西哥和中美洲国家的土壤退化问题最为严重，那里土壤中的水分流失高达74%。所谓土壤退化是指土壤中的矿物质、有机物质、水分、微生物等成分遭到破坏，土地失去了生产能力，其主要原因是由于人类使用土地不当造成的。

一方面土地面积在萎缩，另一方面人口数量在增多，这更加剧了本来就捉襟见肘的土地资源危机。

为了解决人口与土地的矛盾，人类采用了种种方法增加粮食产量，如开发处女地，积极改善排灌系统，大量使用化学肥料和化学农药，这些都收到了显著效果，但却打破了传统的封闭循环生态系统，并使这个系统愈来愈失去其自然性，变得不稳定和脆弱起来，使许多地方的土地资源都发生严重的退化现象，生物生产量不断下降，甚至完全丧失了生产能力。据估计，全世界每年被迫弃耕的农田有5万~7万平方千米。

在这弃耕的农田中，沙漠化是一大主要原因。据联合国环境规划署统计，全世界受沙漠化影响和危害的土地已达3600万平方千米，即全球陆地总面积的1/4，而且还存在不断蔓延的趋势。迄今受沙漠化影响和危害的人数，已经占世界总人口的1/6左右。沙漠化加剧了旱灾的灾情，尤以非洲最为严重，并且加剧了人口的贫穷化。由此可见，在全球范围内沙漠化是一个直接影响环境与发展的严重问题。

中国有沙漠、戈壁、风沙化土地133.3万平方千米，占国土面积的13.9%，超过耕地面积的总和，有将近1/3的国土面积受到风沙威胁，每年因风沙危害造成的直接经济损失高达45亿元人民币。更让专家们忧虑的是，治沙速度赶不上沙化速度，土地沙漠化继续扩大。20世纪50~70年代，中国土地沙漠化面积每年有1560平方千米，80年代增到2100平方千米，90年代的土地沙漠化速率达1.32%。许多历史上曾是丰美的草原或干草原已沙漠化，致使"沙进人退"。造成这种局面，自然因素占5%，人为因素占95%，主要是长期超载放牧、盲目垦荒、水资源利用不当和采矿及交通破坏等。

摆脱恶性循环

越垦越穷，越穷越垦的恶性循环，使地球上的土地资源继续陷于退化之中。如何摆脱这种困境呢？

1992年6月，178个联合国成员国的高级代表团在巴西的里约热内卢举行了联合国环境与发展大会。在大会的筹备过程中，中国和广大发展中国家强烈要求国际社会在治理沙漠化方面应当切实合作。经过第三届和第四届筹委会会议的修改和补充，最后在大会所通过的《21世纪议程》这一国际合作的框架文件中，议定了以下几个"项目方案领域"：

（1）建立全球范围的系统观测沙漠化的观测和信息系统，以加深对沙漠化形成过程的科学认识，交流沙漠化地区的信息和治沙经验。

（2）通过加强水土保持、植草植树等活动，扩大林草植被，治理沙漠化。

31

（3）通过加强沙化地区的综合性扶贫开发方案与项目，适当安排沙化地区人民的就业机会，以消除贫困进而改善生活。

（4）根据国情将适当的治沙方案与项目纳入国家的发展计划和环保计划，并注意加强土地管理和旨在培养大批治沙人才的人力资源开发（包括教育和培训）；有关国际组织及资金机构应在这些方面协助治沙方案和项目的执行。

（5）制定预防旱灾及拯救旱灾的措施，包括建立全国性的"预警"系统以及建立必要的赈灾食物和物资储备。

（6）鼓励和促进民众广泛参与治沙，提高民众的环境意识和有关的技术知识，还应充分重视当地的经验与技术窍门。

当然，这些方案的实施还需待以时日。

现在，国际上越来越多的科学家都认识到，保护土地资源，防止土壤退化，是世界环境面临的最重大的问题。例如，1977年12月，在美国召开的关于"环境质量指标"的会议文献中，把自然环境分为7个范畴，每个范畴的相对重要性分别为：土壤30%，空气20%，水20%，生活空间12.5%，矿物7.5%，野生动物5%，森林5%。其意图在于强调土壤保护的重要性。

美国巴尔尼博士曾谈到，空气和水的污染固然十分重要，但第一位的问题是水土流失，原因是土地是人类赖以生存的基础，只有土地才能满足人类的最基本需要；土壤的形成非常缓慢，一旦流失，岩石裸露，很难恢复。保护土地资源，本质上是保护人类生存环境的问题。它不仅关系到我们这一代，而且还关系到我们的下一代，是人类前途攸关的战略问题。是自毁家园，还是重建地球，决策者便是人类自己。

人类的水资源

当我们打开世界地图，或站在地球仪的旁边，把地球仪转动一下，我们会惊奇地发现，海洋的面积比陆地的面积大得多，那一片片蔚蓝色就显示出地球上的海洋之大。

水 的 来 龙 去 脉

人类居住的地球，有 3/4 的面积被水覆盖，因而有"水行星"之称。据统计，地球上水的总体积约为 15 亿立方千米，这么多的水是从哪里来的呢？地球上每时每刻总有地方在降水，有人统计，平均每年大约有 52 万立方千米的水降落在地面或水面上。如果这些水积聚在地球表面，要不了多少年积水就会淹没地球，整个地球会变成水球。事实上，虽然地球的年龄已有 46 亿多年，但水陆面积仍然是"七分水，三分陆地"，原因何在？

地球上的水多为海洋水，约占总水量的 97.3%。只有少量的水存在于江河湖沼和极地冰川，还有极少量的水，有的渗入土壤、岩石之内，有的冰冻在高山顶峰，有的化为水汽飘浮在地球周围，有的供生物享用潜藏在生物体中。因此，研

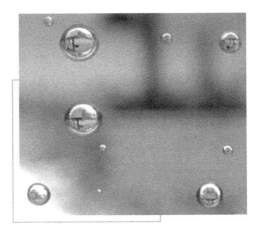

水的形成

究水的来源，主要是指海水的来源问题。地球在距今 46 亿年前，是由太阳星云中分化出来的球粒陨石群集结而逐渐演变成的。最初，地球上的水绝大部分是以结晶水的形式存在于球粒陨石之中，分布在地球的内部。地球在形成过程中，放射性元素蜕变产生的热能，球粒陨石集结产生的热能，使地球内部温度猛增 1000℃，球粒陨石中的结晶水随之被汽化成水汽，伴随火山活动跑到地球的外部，漂游在大气中。但是，刚形成的地球，质量还不大，重力还很小，大气分子在太阳光辐射和粒子辐射下，绝大部分被外星球摄引而脱离地球。原始地球大约历经 20 多亿年的圈层分化，球粒陨石集结的固体地球块才逐渐形成。随着质量增加，重力也显著增长，重的物质向地心集中，并释放出大量的能量，使地球内部的温度剧增。伴随频繁的火山喷发被赶出来的水汽，不再被外星球摄引而散逸。当地球分化为地壳、地幔、地核三个圈层后，地表温度开始下降，当降到低于 100℃ 时，大气中的水汽借助尘埃作为凝结核，相继凝结成小雨滴，并在一定条件下陆续降落到地面，绝大部分通过地表或地下径流归宿海洋，所以海水的直接来源是大气中的水汽凝结物。据估计，古海洋水数量少，大约只有现代海洋水的 1/10。原因是地球在演变过程中，球粒陨石中结晶水是逐渐被汽化的，水汽源源不断地跑到空中，出现长时期的连续降水，所以海水数量的增加，存在着长期逐渐积累的过程。古海洋水与现代海洋水相比，有质的差别，基本是淡水。可是陆地上的水，总含有一定的盐量，归宿海洋后，被蒸发的是淡水，盐类物质逐渐积累在海洋里，所以海水存在着逐渐变咸的过程。如今，地球上的各种水体，都源出球粒陨石结晶水，所以地球上水的总量大致等于组成地球的球粒陨石含水总量。

大家知道，地球上各种水体的存在并不是孤立的，而是相互联系构成一个整体。广大水体在太阳光辐射或热的作用下，不断被蒸发和植物蒸腾化为水汽，漂游在空中被气流携带至各地，遇冷凝结，以降水形式降落到地面或水体上。在地心引力的作用下，大部分通过江河汇集流入海洋或湖泊，小部分下渗土壤和岩隙之中形成土壤水或潜水。这样，通过冷凝—降水—径流—蒸发，周而复始的循环，使各种水体不断进行着自然更新。据估计，大气中的全部水汽 9 天即可更新一次，河流约需 20 天，土壤水约需 280 天，淡水湖水约需 100 年，地下水约需 300 年，海洋水确实浩大无比，更新一次约需 3.7 万年。

水 资 源 的 性 质 与 特 点

水是自然资源的重要组成部分，是所有生物的结构组成和生命活动的主要物质基础。从全球范围讲，水是连接所有生态系统的纽带，自然生态系统既能控制水的流动又能不断促使水的净化和循环。因此水在自然环境中，对于生物和人类的生存来说具有决定性的意义。

地球上的水资源，从广义来说是指水圈内水量的总体。

海水是咸水，不能直接饮用，所以通常所说的水资源主要是指陆地上的淡水资源，如河流水、淡水、湖泊水、地下水和冰川等。陆地上的淡水资源只占地球上水体总量 2.53% 左右，其中近 70% 是固体冰川，即分布在两极地区和中、低纬度地区的高山冰川，还很难加以利用。目前人类比较容易利用的

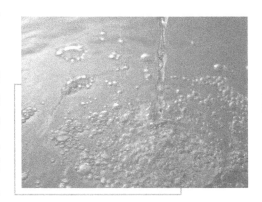

水利万物而不争

淡水资源，主要是河流水、淡水湖泊水，以及浅层地下水，储量约占全球淡水总储量的 0.3%，只占全球总储水量的十万分之七。据研究，从水循环的观点来看，全世界真正有效利用的淡水资源每年约有 9000 立方千米。

地球上水的体积大约有 13.6 亿立方千米。海洋占了 13.2 亿立方千米（约 97.2%）；冰川和冰盖占了 0.25 亿立方千米（约 1.8%）；地下水占了 0.13 亿立方千米（约 0.9%）；湖泊、内陆海，和河里的淡水占了 250000 立方千米（约 0.02%）；大气中的水蒸气在任何已知的时候都占了 13000 立方千米（约 0.001%）。

水和水体是两个不同的概念。纯净的水是由 H_2O 分子组成，而水体则含有多种物质，其中包括悬浮物、水生生物以及基底等。水体实际上是指地表被水覆盖地段的自然综合体，包括河流、湖泊、沼泽、水库、冰川、地下水和海洋等。水资源与人类的关系非常密切，人类把水作为维持生活的源泉，人类在历史发展中总是向有水的地方集聚，并开展经济活动。随

着社会的发展、技术的进步，人类对水的依赖程度越来越大。

水资源是世界上分布最广，数量最大的资源。水覆盖着地球表面70%以上的面积，总量达15亿立方千米；也是世界上开发利用得最多的资源。现在人类每年消耗的水资源数量远远超过其他任何资源，全世界用水量达3万亿吨。

地球上水资源的分布很不均匀，各地的降水量和径流量差异很大。全球约有1/3的陆地少雨干旱，而另一些地区在多雨季节易发生洪涝灾害。例如在我国，长江流域及其以南地区，水资源占全国的82%以上，耕地占36%，水多地少。长江以北地区，耕地占64%，水资源不足18%，地多水少，其中粮食增产潜力最大的黄淮海流域的耕地占全国的41.8%，而水资源不到5.7%。

水 资 源 的 利 用 现 状

我国水资源总量少于巴西、俄罗斯、加拿大、美国和印度尼西亚，居世界第六位。若按人均水资源占有量这一指标来衡量，则仅占世界平均水平的1/4，排名在第110名之后。缺水状况在我国普遍存在，而且有不断加剧的趋势。全国约有670个城市中，一半以上存在着不同程度的缺水现象。其中严重缺水的有110多个。

我国水资源总量虽然较多，但人均量并不丰富。水资源的特点是地区分布不均，水土资源组合不平衡；年内分配集中，年际变化大；连丰连枯年份比较突出；河流的泥沙淤积严重。这些特点造成了我国容易发生水旱灾害，水的供需产生矛盾，这也决定了我国对水资源的开发利用、江河整治的任务十分艰巨。

水资源的利用现状

水资源的利用与供需矛盾

我国地表水年均径流总量约为2.7万亿立方米，相当于全球陆地径流总量的5.5%，占世界第5位，低于巴西、俄罗斯、加拿大和美国。我国还有年平均融水量近500亿立方米的冰川，约8000亿立方米的地下水及近500万立方千米的近海海水。目前我国可供利用的水量年约1.1万亿立方米，而1980年我国实际用水总量已达5075亿立方米，占可利用水资源的46%。

建国以来，在水资源的开发利用、江河整治及防治水害方面都做了大量的工作，取得较大的成绩。

在城市供水上，目前全国已有300多个城市建起了供水系统，自来水日供水能力为4000万吨，年供水量100多亿立方米；城市工矿企业、事业单位自备水源的日供水能力总计为6000多万吨，年供水量170亿立方米；在7400多个建制镇中有28%建立了供水设备，日供水能力约800万吨，年供水量29亿立方米。

农田灌溉方面，全国现有农田灌溉面积近7.2亿亩，林地果园和牧草灌溉面积约0.3亿亩有灌溉设施的农田占全国耕地面积的48%，但它生产的粮食却占全国粮食总产量的74%。

防洪方面，现有堤防20万多千米，保护着耕地5亿亩和大、中城市100多个。现有大中小型水库8万多座，总库容4400多亿立方米，控制流域面积约150万平方千米。

水力发电，我国水电装机近3000万千瓦，在电力总装机中的比重约为29%，在发电量中的比重约为20%。

然而，随着工业和城市的迅速发展，需水不断增加，出现了供水紧张的局面。据1984年196个缺水城市的统计，日缺水量合计达1400万立方米，水资源的保证程度已成为某些地区经济开发的主要制约因素。

水资源的供需矛盾，既受水资源数量、质量、分布规律及其开发条件等自然因素的影响，同时也受各部门对水资源需求的社会经济因素的制约。

我国水资源总量不算少，而人均占有水资源量却很贫乏，只有世界人均值的1/4（我国人均占有地表水资源约2700立方米，居世界第88位）。按人均占有水资源量比较，加拿大为我国的48倍、巴西为16倍、印度尼西亚为9倍、俄罗斯为6倍、美国为5倍，而且我国也低于日本、墨西哥、法国、澳大利亚等国家。

我国水资源南多北少，地区分布差异很大。黄河流域的年径流量只占全国年径流总量的约2%，为长江水量的6%左右。在全国年径流总量中，淮河、海滦河及辽河三流域只分别约占2%、1%及0.6%。黄河、淮河、海滦河、辽河四流域的人均水量分别仅为我国人均值的26%、15%、11.5%、21%。

随着人口的增长，工农业生产的不断发展，造成了水资源供需矛盾的日益加剧。从20世纪初以来，到70年代中期，全世界农业用水量增长了7倍，工业用水量增长了21倍。我国用水量增长也很快，至70年代末期全国总用水量为4700亿立方米，为建国初期的4.7倍。其中城市生活用水量增长8倍，而工业用水量（包括火电）增长22倍。北京市70年代末期城市用水和工业用水量，均为建国初期的40多倍，河北、河南、山东、安徽等省的城市用水量，到70年代末期都比建国初期增长几十倍，有的甚至超过100倍。因而水资源的供需矛盾就异常突出。

由于水资源供需矛盾日益尖锐，产生了许多不利的影响：①对工农业生产影响很大，例如1981年，大连市由于缺水而造成损失工业产值6亿元。在我国15亿亩耕地中，尚有8.3亿亩没有灌溉设施的干旱地，另有14亿亩的缺水草场。全国每年有3亿亩农田受旱。西北农牧区尚有4000万人口和3000万头牲畜饮水困难。②对群众生活和工作造成不便，有些城市对楼房供水不足或经常断水，有的缺水城市不得不采取定时、限量供水，造成人民生活困难。③超量开采地下水，引起地下水位持续下降，水资源枯竭，在27座主要城市中有24座城市出现了地下水降落漏斗。

水利建设与洪涝灾害

由于所处地理位置和气候的影响，我国是一个水旱灾害频繁发生的国家，尤其是洪涝灾害长期困扰着经济的发展。据统计，从公元前206年至1949年的2155年间，共发生较大洪水1062次，平均两年即有一次。黄河在2000多年中，平均三年两决口，百年一改道，仅1887年的一场大水死亡93万人，全国在1931年的大洪水中丧生370万人。建国以后，洪涝灾害仍不断发生，造成了很大的损失。因此，兴修水利、整治江河、防治水害实为国家的一项治国安邦的大计，也是十分重要的战略任务。

我国60多年来，共整修江河堤防30余万千米，保护了7亿亩耕地。建成各类水库10万多座，配套机电井380万眼，拥有6600多万千瓦的排灌机械。机电排灌面积4.6亿亩，除涝面积约2.9亿亩，改良盐碱地面积0.72亿亩，治理水土流失面积51万平方千米。这些水利工程建设，不仅每年为农业、工业和城市生活提供5000亿立方米的用水，解决了山区、牧区1.23亿人口和7300万头牲畜的饮水困难，而且在防御洪涝灾害上发挥了巨大的效益。

随着人口的急剧增加和对水土资源不合理的利用，导致水环境的恶化，加剧了洪涝灾害的发生。特别是1998年入夏以来，在我国的江淮、太湖地区，以及长江流域的其他地区连降大雨或暴雨，部分地区出现了近百年来罕见的洪涝灾害。截至8月1日，受害人口达到2.2亿人，伤亡5万余人，倒塌房屋291万间，损坏605万间，农作物受灾面积约3.15亿亩，成灾面积1.95亿亩，直接经济损失高达685亿元。在这次大面积的严重洪灾面前，应该进一步提高对我国面临洪涝灾害严重威胁的认识，总结经验教训，寻找防治对策。

除了自然因素外，造成洪涝灾害的主要原因有：

（1）不合理利用自然资源。尤其是滥伐森林，破坏水土平衡，生态环境恶化。如前所述，我国水土流失严重，建国以来虽已治理51万平方千米，但目前水土流失面积已达160万平方千米，每年流失泥沙50亿吨，河流带走的泥沙约35亿吨，其中淤积在河道、水库、湖泊中的泥沙达12亿吨。湖泊不合理的围垦，面积日益缩小，使其调洪能力下降。据中科院南京地理与湖泊研究所调查，20世纪70年代后期，我国面积1平方千米以上的湖泊约有2300多个，总面积达7.1万平方千米，占国土总面积的0.8%；湖泊水资源量为7077亿立方米，其中淡水2250亿立方米，占我国陆地水资源总量的8%。建国以后的30多年来，我国的湖泊已减少了500多个，面积缩小约1.86万平方千米，占现有湖泊面积的26.3%，湖泊蓄水量减少513亿立方米。长江中下游水系和天然水面减少，1954年以来，湖北、安徽、江苏以及洞庭、鄱阳等湖泊水面因围湖造田等缩小了约1.2万平方千米，大大削弱了防洪抗涝的能力。另一方面，河道淤塞和被侵占，行洪能力降低，因大量泥沙淤积河道，使许多河流的河床抬高，减少了过洪能力，增加了洪水泛滥的机会。如淮河干流行洪能力下降了3000立方米/秒。此外，河道被挤占，束窄过水断面，也减少了行洪、调洪能力，加大了洪水危害程度。

（2）水利工程防洪标准偏低。我国大江大河的防洪标准普遍偏低，目前除黄河下游可预防60年一遇洪水外，其余长江、淮河等6条江河只能预防10～20年一遇洪水标准。许多大中城市防洪排涝设施差，经常处于一般洪水的威胁之下。广大江河中下游地区处于洪水威胁范围的面积达73.8万平方千米，占国土陆地总面积的7.7%；其中有耕地5亿亩，人口4.2亿，均占全国总数的1/3以上；工农业总产值约占全国的60%。此外，各条江河中下游的广大农村地区排涝标准更低，随着农村经济的发展，远不能满足目前防洪排涝的要求。

（3）人口增长和经济发展使受灾程度加深。一方面抵御洪涝灾害的能力受到削弱，另一方面由于社会经济发展却使受灾程度大幅度增加。建国以后人口增加了1倍多，尤其是东部地区人口密集，长江三角洲的人口密度为全国平均密度的10倍。全国1949年工农业总产值仅466亿元，至1988年已达24089亿元，增加了51倍。近10年来，乡镇企业得到迅猛发展，东部、中部地区乡镇企业的产值占全国乡镇企业的总产值的98%，因经济不断发展，在相同频率洪水情况下所造成的各种损失却成倍增加。例如1991年太湖流域地区5～7月降雨量为600～900毫米，不及50年一遇，并没有超过1954年大水，但所造成的灾害和经济损失都比1954年严重得多。

水体污染及其危害

水是最重要的天然溶剂。

（1）水体富营养化。水体富营养化是一种有机污染类型，由于过多的氮、磷等营养物质进入天然水体而恶化水质。施入农田的化肥，一般情况下约有一半氮肥未被利用，流入地下水或池塘湖泊，大量生活污水也常使水体过肥。过多的营养物质促使水域中的浮游植物，如蓝藻、硅藻以及水草的大量繁殖，有时整个水面被藻类覆盖而形成"水花"，藻类死亡后沉积于水底，微生物分解消耗大量溶解氧，导致鱼类因缺氧而大批死亡。水体富营养化会加速湖泊的衰退，使之向沼泽化发展。

海洋近岸海区，发生富营养化现象，使腰鞭毛藻类（如裸沟藻和夜光虫等）等大量繁殖、密集在一起，使海水呈粉红色或红褐色，称为赤潮，对渔业危害极大。近年来渤海北部和南海已多次发生。

（2）有毒物质的污染。有毒物质包括2大类：①汞、镉、铝、铜、铅、锌等重金属；②有机氯、有机磷、多氯联苯、芳香族氨基化合物等化工产品。许多酶依赖蛋白质和金属离子的络合作用才能发挥其作用，因而需要某些微量元素（例如锰、硼、锌、铜、钼、钴等），然而，不合乎需要的金属，例如汞和铅，甚至必不可少的微量元素的量过多，如锌和铜等，都能破坏这种蛋白质和金属离子的平衡，因而削弱或者终止某些蛋白质的活性。例如汞和铅与中枢神经系统的某些酶类结合的趋势十分强烈，容易引起神经错乱，如疯病、精神呆滞、昏迷以至死亡。此外，汞和一种与遗传物质DNA一起发生作用的蛋白质形成专一性的结合，这就是汞中毒常引起严重的先天性缺陷的原因。

这些重金属与蛋白质结合不但可导致中毒，而且能引起生物累积。重金属原子结合到蛋白质上后，就不能被排泄掉，并逐渐从低剂量累积到较高浓度，从而造成危害。典型例子就是曾经提到过的日本的水俣病。经过调查发现，金属形式的汞并不很毒，大多数汞能通过消化道而不被吸收。然而水体沉积物中的细菌吸收了汞，使汞发生化学反应，反应中汞和甲基团结合产生了甲基汞的有机化合物，它和汞本身不同，甲基汞的吸收率几乎等于100%，其毒性几乎比金属汞大100倍，而且不易排泄掉。

有机氯（或称氯化烃）是一种有机化合物，其中1个或几个氢原子被氯原子取代，这种化合物广泛用于塑料、电绝缘体、农药、灭火剂、木材防腐剂等产品。有机氯具有两个特别容易产生生物累积的特点，即化学性质极端稳定和脂溶性高，而水溶性低。化学性质稳定说明既不易在环境中分解，也不能被有机体所代谢。脂溶性高说明易被有机体吸收，一旦进入就不能排泄出去，因为排泄要求水溶性，结果就产生生物累积，形成毒害。典型的有机氯杀虫剂如DDT、六六六等，由于它们对生物和人体造成严重的危害，已被许多国家所禁用。

（3）热污染。许多工业生产过程中产生的废余热散发到环境中，会把环境温度提高到不理想或生物不适应的程度，称为热污染。例如发电厂燃料释放出的热有2/3在蒸气再凝结过程中散入周围环境，消散废热最常用的方法是由抽水机把江湖中的水抽上来，淋在冷却管上，然后把受热后的水还回天然水体中去。从冷却系统通过的水本身就热得能杀死大多数生物。

41

而实验证明，水体温度的微小变化对生态系统有着深远的影响。

（4）海洋污染。随着人口激增和生产的发展，我国海洋环境已经受到不同程度的污染和损害。

1980年调查表明，全国每年直接排入近海的工业和生活污水有66.5亿吨，每年随这些污水排入的有毒有害物质为石油、汞、镉、铅、砷、铝、氰化物等。全国沿海各县施用农药量每年约有1/4流入近海，约5万多吨。这些污染物危害很广，长江口、杭州湾的污染日益严重，并开始危及我国最大渔场——舟山渔场。

海洋污染使部分海域鱼群死亡、生物种类减少，水产品体内残留毒物增加，渔场外移，许多滩涂养殖场荒废。例如胶州湾，1963～1964年海湾潮间带的海洋生物有171种；1974～1975年降为30种；80年代初只有17种。莱州湾的白浪河口，银鱼最高年产量为30万千克，1963年约有10万千克，如今已基本绝产。

世界水资源现状

地球表面的70%被水覆盖，但淡水资源仅占所有水资源的0.5%，近70%的淡水固定在南极和格陵兰的冰层中，其余多为土壤水分或深层地下水，不能被人类利用。地球上只有不到1%的淡水或约0.007%的水可为人类直接利用，而中国人均淡水资源只占世界人均淡水资源的1/4。

地球的储水量是很丰富的，共有14.5亿立方千米之多。地球上的水，尽管数量巨大，而能直接被人们生产和生活利用的，却少得可怜。首先，海水又咸又苦，不能饮用，不能浇地，也难以用于工业。其次，地球的淡水资源仅占其总水量的2.5%，而在这极少的淡水资源中，又有70%以上被冻结在南极和北极的冰盖中，加上难以利用的高山冰川和永冻积雪，有87%的淡水资源难以利用。

世界水资源的现状

人类真正能够利用的淡水资源是江河湖泊和地下水中的一部分，约占地球总水量的0.26%。全球淡水资源不仅短缺而且地区分布极不平衡。按地区分布，巴西、俄罗斯、加拿大、中国、美国、印度尼西亚、印度、哥伦比亚和刚果等9个国家的淡水资源占了世界淡水资源的60%。约占世界人口总数40%的80个国家和地区约15亿人口淡水不足，其中26个国家约3亿人极度缺水。更可怕的是，预计到2025年，世界上将会有30亿人面临缺水，40个国家和地区淡水严重不足。

地球冰川资源

冰川是一种巨大的流动固体，是在高寒地区由雪再结晶聚积成巨大的冰川冰，因重力这主要因素使冰川冰流动，成为冰川。冰川作用包括侵蚀、搬运、堆积等作用，这些作用造成许多地形，使得经过冰川作用的地区形成多样的冰川地貌。此外，冰川所含的水量，占地球上除海水之外所有的水量的97.8%。据认为，全世界存在有多达70000~200000个冰川。冰川自两极到赤道带的高山都有分布，总面积约达16227500平方千米，即覆盖了地球陆地面积的11%，约占地球上淡水总量的69%。

冰川是由多年积累起来的大气固体降水在重力作用下，经过一系列变化成冰过程形成的，主要经历粒雪化和冰川冰两个阶段。它不同于冬季河湖冻结的水冻冰，构成冰川的主要物质是冰川冰。在极地和高山地区，气候严寒，常年积雪，当雪积聚在地面上后，如果温度降低到零下，可以受到它本身的压力作用或经再度结晶而造成雪粒，称为粒雪。当雪层增加，将粒雪往更深处埋，冰的结晶越变越粗，而粒雪的密度则因存在于粒雪颗粒间的空气体积不断减少而增加，使粒雪变得更为密实而形成蓝色的冰川冰，冰川冰形成后，因受自身很大的重力作用形成塑性体，沿斜坡缓慢运动或在冰层压力下缓缓流动形成冰川。

冰川是个开放的系统，冰川在重力的作用之下流动。雪以堆积的方式进入到冰川系统，而且转变形成冰，冰在其本身重量的压力之下由堆积带向外流动，而冰在消融带以蒸发和溶融方式离开系统。在堆积速度与消融速度之间的平衡决定了冰川系统的规模。冰川前后可以分为两部分，在后者或上游部分称为冰川堆积带；在前者或下游部分称为冰川消融带。其分

43

界线是雪线，在雪线处雪的累积量与消融量处于平衡状态。

冰川的形成

冰川是水的一种存在形式，是雪经过一系列变化转变而来的。要形成冰川首先要有一定数量的固态降水，其中包括雪、雾、雹等。没有足够的固态降水作"原料"，就等于"无米之炊"，根本形不成冰川。

冰川存在于极寒之地。地球上南极和北极是终年严寒的，在其他地区只有高海拔的山上才能形成冰川。我们知道越往高处温度越低，当海拔超过一定高度，温度就会降到0℃以下，降落的固态降水才能常年存在。这一海拔高度冰川学家称之为雪线。

在南极和北极圈内的格陵兰岛上，冰川是发育在一片大陆上的，所以称之为大陆冰川。而在其他地区冰川只能发育在高山上，所以称这种冰川为山岳冰川。在高山上，冰川能够发育，除了要求有一定的海拔外，还要求高山不要过于陡峭。如果山峰过于陡峭，降落的雪就会顺坡而下，形不成积雪。

雪花一落到地上就会发生变化，随着外界条件和时间的变化，经过一个消融季节未融化的雪会变成完全丧失晶体特征的圆球状雪，称之为粒雪，新雪的水分子从雪片的尖端和边缘向凹处迁移，使晶体变圆的过程叫粒雪化。在这个过程中，雪逐步密实，经融化、再冻结、碰撞、压实，使晶体合并，数量减少而体积增大，冰晶间的孔隙减少，发展成颈状连接，称为密实化。积雪变成粒雪后，随着时间的推移，粒雪的硬度和它们之间的紧密度不断增加，大大小小的粒雪相互挤压，紧密地镶嵌在一起，其间的孔隙不断缩小，以致消失，雪层的亮度和透明度逐渐减弱，一些空气也被封闭在里面，这样就形成了冰川冰。粒雪化和密实化过程在接近融点的温度下，进行很快；在负低温下，进行缓慢。冰川冰最初形成时是乳白色的，经过漫长的岁月，冰川冰变得更加致密坚硬，里面的气泡也逐渐减少，慢慢地变成晶莹透彻，带有蓝色的水晶一样的老冰川冰。

冰川冰在重力作用下，沿着山坡慢慢流下（当然流的速度很慢），在流动的过程中，逐渐的凝固，最后就形成了冰川。当粒雪密度达到0.5～0.6克/立方厘米时，粒雪化过程变得缓慢。在自重的作用下，粒雪进一步密实或由融水渗浸再冻结，晶粒改变其大小和形态，出现定向增长。当其密度达到 0.84 克/立方厘米时，晶粒间失去透气性和透水性，便成为冰川冰。粒雪转化成冰川冰的时间从数年至数千年。

冰川的分布

冰川在世界两极和两极至赤道带的高山均有分布，地球上陆地面积的 1/10 为冰川所覆盖，而 4/5 的淡水资源就储存于冰川（冰盖）之中。

现代冰川在世界各地几乎所有纬度上都有分布。地球上的冰川，大约有 2900 多万平方千米，覆盖着大陆 11% 的面积。冰川冰储水量虽然占地球总水量的 2%，储藏着全球淡水量的 3/4 左右，但可以直接利用的很少。现代冰川面积的 97%、冰量的 99% 为南极大陆和格陵兰两大冰盖所占有，特别是南极大陆冰盖面积达到 1398 万平方千米（包括冰架），最大冰厚度超过 4000 米，冰从冰盖中央向四周流动，最后流到海洋中崩解。

中国冰川面积分别占世界和亚洲山地冰川总面积的 14.5% 和 47.6%，是中低纬度冰川发育最多的国家。中国冰川分布在新疆、青海、甘肃、四川、云南和西藏 6 省区。其中西藏的冰川数量多达 22468 条，面积达 28645 平方千米。中国冰川自北向南依次分布在阿尔泰山、天山、帕米尔高原、喀喇昆仑山、昆仑山和喜马拉雅山等 14 条山脉。这些山脉山体巨大，为冰川发育提供了广阔的积累空间和有利于冰川发育的水热条件。通过考察发现，中国冰川面积中大于 100 平方千米的冰川达 33 条，其中完全在中国境内最大的山谷冰川是音苏盖提冰川，面积为 392.4 平方千米；最大的冰原是普若岗日，面积达 423 平方千米；最大的冰帽是崇测冰川，面积达 163 平方千米。

中国山岳冰川按成因分为大陆性冰川和海洋性冰川 2 大类。总储量约 51300 亿立方米。前者占冰川总面积的 80%，后者主要分布在念青唐古拉山东段。按山脉统计，昆仑山、喜马拉雅山、天山和念青唐古拉山的冰川面积都超过 7000 平方千米，四条山脉的冰川面积共计 40300 平方千米，约占全国冰川总面积的 70%，其余 30% 的冰川面积分布于喀喇昆仑山、羌塘高原、帕米尔高原、唐古拉山、祁连山、冈底斯山、横断山及阿尔泰山。

冰川的分类

按照冰川的规模和形态，冰川分为大陆冰盖（简称冰盖）和山岳冰川

（又称山地冰川或高山冰川）。山岳冰川主要分布在地球的高纬和中纬山地区。其类型多样，主要有悬冰川、冰斗冰川、山谷冰川、平顶冰川。

大陆冰盖主要分布在南极和格陵兰岛。山岳冰川则分布在中纬、低纬的一些高山上。全世界冰川面积共有1500多万平方千米，其中南极和格陵兰的大陆冰盖就占去1465万平方千米。因此，山岳冰川与大陆冰盖相比，规模极为悬殊。

巨大的大陆冰盖上，漫无边际的冰流把高山、深谷都掩盖起来，只有极少数高峰在冰面上冒了一个尖，辽阔的南极冰盖，过去一直是个谜，深厚的冰层掩盖了南极大陆的真面目。科学家们用地球物理勘探的方法发现，茫茫南极冰盖下面有许多小湖泊，而且这些湖泊里还有生命存在。

我国的冰川都属于山岳冰川。就是在第四纪冰川最盛的冰河时代，冰川规模大大扩大，也没有发育为大陆冰盖。以前有很多专家认为，青藏高原在第四纪的时候曾经被一个大的冰盖所覆盖，即使现在国外有些专家仍持这种观点。但是经过考察和论证，我国的冰川学者基本上否定了这种观点。

按照冰川的物理性质（如温度状况等）分为：①极地冰川，整个冰层全年温度均低于融点；②亚极地冰川，表面可以在夏季融化外，冰层大部分低于融点；③温冰川，除表层冬季冰结外，整个冰层处于压力融点。极地冰川和亚极地冰川又合称冷冰川，多分布南极和格陵兰。温冰川主要发育在欧洲的阿尔卑斯山、斯堪的纳维亚半岛、冰岛，阿拉斯加和新西兰等降水丰富的海洋性气候地区。

除了冰体内部的力学、热学相互作用外，冰川作用还表现在它对地表的塑造过程，即冰川的侵蚀、搬运与堆积作用。

地球湿地资源

湿地这一概念在狭义上一般被认为是陆地与水域之间的过渡地带；广义上则被定为地球上除海洋（水深6米以上）外的所有大面积水体。《国际湿地公约》对湿地的定义是广义定义。

按照广义定义湿地覆盖地球表面仅有6%，却为地球上20%的已知物种提供了生存环境，具有不可替代的生态功能，因此享有"地球之肾"的美誉。

中国湿地面积占世界湿地的10%，位居亚洲第一位，世界第四位。在中国境内，从寒温带到热带、从沿海到内陆、从平原到高原山区都有湿地分布，一个地区内常常有多种湿地类型，一种湿地类型又常常分布于多个地区。

中国1992年加入《湿地公约》，截至2009年2月25日，列入国际重要湿地名录的湿地已达36处。其实中国独特的湿地何止36处，许多湿地因为养在深闺无人识，至今仍无人问津。

地球上有三大生态系统，即森林、海洋、湿地。湿地，泛指暂时或长期覆盖水深不超过2米的低地、土壤充水较多的草甸，以及低潮时水深不过6米的沿海地区，包括各种咸水淡水沼泽地、湿草甸、湖泊、河流以及泛洪平原、河口三角洲、泥炭地、湖海滩涂、河边洼地或漫滩、湿草原等。按《国际湿地公约》定义，湿地系指不问其为天然或人工、常久或暂时之沼泽地、湿原、泥炭地或水域地带，带有静止或流动，或为淡水、半咸水或咸水水体者，包括低潮时水深不超过6米的水域。

湿地是地球上具有多种独特功能的生态系统，它不仅为人类提供大量食物、原料和水资源，而且在维持生态平衡、保持生物多样性和珍稀物种资源以及涵养水源、蓄洪防旱、降解污染、调节气候、补充地下水、控制土壤侵蚀等方面均起到重要作用。

湿地是位于陆生生态系统和水生生态系统之间的过渡性地带，在土壤浸泡在水中的特定环境下，生长着很多湿地的特征植物。湿地广泛分布于世界各地，拥有众多野生动植物资源，是重要的生态系统。很多珍稀水禽的繁殖和迁徙离不开湿地，因此湿地被称为"鸟类的乐园"。湿地具有强大的生态净化作用。在人口爆炸和经济发展的双重压力下，20世纪中后期大量湿地被改造成农田，加上过度的资源开发和污染，湿地面积大幅度缩小，湿地物种受到严重破坏。

湿地是地球上有着多功能的、富有生物多样性的生态系统，是人类最重要的生存环境之一。

湿地的类型多种多样，通常分为自然和人工两大类。自然湿地包括沼泽地、泥炭地、湖泊、河流、海滩和盐沼等，人工湿地主要有水稻田、水库、池塘等。据资料统计，全世界共有自然湿地855.8万平方千米，占陆地

47

面积的6.4%。

湿地基本分五大类：

（1）海域

潮下海域：低潮时水深不足6米的永久性无植物生长的浅水水域，包括海湾和海峡；潮下水生植被层，包括各种海草和热带海洋草甸；珊瑚礁。

潮间海域：多岩石的海滩，包括礁崖和岩滩；碎石海滩；潮间无植被的泥沙和盐碱滩；潮间有植被的沉积滩，包括大陆架上的红树林。

（2）河口

潮下河口：河口水域即河口永久性水域和三角洲河口系统。

潮间河口：具有稀疏植物的潮间泥、沙或盐碱滩；潮间沼泽包括盐碱草甸、潮汐半盐水沼泽和淡水沼泽；潮间有林湿地包括红树林、聂帕榈和潮汐淡水沼泽林。

泻湖湿地：半咸至咸水湖，有1个或多个狭窄水道与海相同。

盐湖（内陆排水区）：永久性和季节性的盐水或碱水湖泥滩和沼泽。

（3）河流

永久性的河流：永久性的河流和溪流，包括瀑布；内陆三角洲。

暂时性的河流：季节性和间歇性流动的河流和溪流；河流洪泛平原，包括河滩、河谷洪泛平原和季节性泛洪草地。

（4）湖泊

永久性的湖泊：永久性的淡水湖（8平方千米以上），包括遭季节性或间歇性淹没的湖滨；永久性的淡水池塘（8平方千米以上）。

季节性的湖泊：季节性淡水湖（8平方千米以上），包括洪泛平原湖。

（5）人工水面

如水库、池塘、水稻田等属于广义湿地，得到《国际湿地公约》的认可。

地球河流资源

陆地表面上经常或间歇有水流动，形成的线形天然水道（也有人工的）。

河流在我国的称谓很多，较大的称江、河、川、水，较小的称溪、涧、沟、曲等。藏语称藏布，蒙古语称郭勒。

每条河流都有河源和河口。河源是指河流的发源地，有的是泉水，有的是湖泊、沼泽或是冰川，各河河源情况不尽一样。河口是河流的终点，即河流汇入海洋、其他河流（例如支流汇入干流）、湖泊、沼泽或其他水体的地方。在干旱的沙漠区，有些河流河水沿途消耗于渗漏和蒸发，最后消失在沙漠中，这种河流称为"瞎尾河"。

除河源和河口外，每一条河流根据水文和河谷地形特征，分为上、中、下游三段。上游比降大，流速大，冲刷占优势，河槽多为基岩或砾石；中游比降和流速减小，流量加大，冲刷、淤积都不严重，但河流侧蚀有所发展，河槽多为粗砂；下游比降平缓，流速较小，但流量大，淤积占优势，多浅滩或沙洲，河槽多细砂或淤泥。通常大江大河在入海处都会分多条入海，形成河口三角洲。通常把流入海洋的河流称为外流河，补给外流河的流域范围称为外流流域。流入内陆湖泊或消失于沙漠之中的这类瞎尾河称为内流河，补给内流河的流域范围称为内流流域。我国外流流域面积占全国面积的 63.76%。为沟通不同河流、水系与海洋，发展水上交通运输而开挖的人工河道称为运河，也称渠。为分泄河流洪水，人工开挖的河道称为减河。

中国境内的河流，仅流域面积在 1000 平方千米以上的就有 1500 多条。全国径流总量达 27000 多亿立方米，相当于全球径流总量的 5.8%。由于主要河流多发源于青藏高原，落差很大，因此中国的水力资源非常丰富，蕴藏量达 6.8 亿千瓦，居世界第一位。

中国河流分为外流河和内流河。注入海洋的外流河，流域面积约占全国陆地总面积的 64%。长江、黄河、黑龙江、珠江、辽河、海河、淮河等向东流入太平洋；西藏的雅鲁藏布江向东流出国境再向南注入印度洋，这条河流上有长 504.6 千米、深 6009 米的世界第一大峡谷——雅鲁藏布大峡谷；新疆的额尔齐斯河则向北流出国境注入北冰洋。流入内陆湖泊或消失于沙漠、盐滩之中的内流河，流域面积约占全国陆地总面积的 36%。新疆南部的塔里木河，是中国最长的内流河，全长 2179 千米。

长江是中国第一大河，仅次于非洲的尼罗河和南美洲的亚马孙河，为世界第三长河。它全长 6300 千米，流域面积 180.9 万平方千米。长江中下游地区气候温暖湿润、雨量充沛、土地肥沃，是中国重要的农业区；长江还是中国东西水上运输的大动脉，有"黄金水道"之称。黄河是中国第二长河，全长5464千米，流域面积75.2万平方千米。黄河流域牧场丰美、矿藏富饶，历史上曾是中国古代文明的发祥地之一。黑龙江是中国北部的一条大河，全长4350千米，其中有3101千米流经中国境内；珠江为中国南部的一条大河，全长2214千米。除天然河流外，中国还有一条著名的人工河，那就是贯穿南北的大运河。它始凿于公元前5世纪，北起北京，南到浙江杭州，沟通海河、黄河、淮河、长江、钱塘江五大水系，全长1801千米，是世界上开凿最早、最长的人工河。

地球湖泊资源

湖泊是陆地上洼地积水形成的、水域比较宽广、换流缓慢的水体。

在地壳构造运动、冰川作用、河流冲淤等地质作用下，地表形成许多凹地，积水成湖。露天采矿场凹地积水和拦河筑坝形成的水库也属湖泊之列，称人工湖。湖泊因其换流异常缓慢而不同于河流，又因与大洋不发生直接联系而不同于海。在流域自然地理条件影响下，湖泊的湖盆、湖水和水中物质相互作用，相互制约，使湖泊不断演变。湖泊称呼不一，多用方言称谓。中国习惯用的陂、泽、池、海、泡、荡、淀、泊、错和诺尔等都是湖泊之别称。

内陆盆地中缓慢流动或不流动的水体。严格区分湖泊、池塘、沼泽、河流以及其他非海洋水体的定义还没有完全建立起来。然而，一般可以认为，河流运动比较快；沼泽内生长着大量的草、树或灌木；池塘比湖泊小。按照地质学定义，湖泊是暂时性水体。在全球水文循环过程中，淡水湖作用极小，其水量仅占全球总水量的0.009%，尚不足陆地上淡水总量的0.0075%。然而，淡水湖98%以上的水量是可供利用的。全球湖泊淡水总量为125000立方千米，大约4/5的淡水储存在40个大湖中。尽管湖泊遍布全世界，但北美洲、非洲和亚洲大陆的湖泊水量就占世界湖水总量的70%，而其余的大陆湖泊较少。

研究湖泊的科学是湖沼学，湖沼学家常根据湖盆形成过程来对湖泊和湖盆进行分类。特别大的湖盆是由构造作用（即地壳运动）形成的，晚中新世广阔而和缓的地壳运动导致横跨南亚和东南欧广大内陆海的分离，现在残存的内陆水体有里海、咸海以及为数众多的小湖泊。构造上升可使陆地上天然水系受阻而形成湖盆，南澳大利亚的大盆地、中非的某些湖泊以及美国北部的山普伦湖都是这种作用的产物。此外，断层也对湖盆的形成起着重要的作用，世界上最深的两个湖泊（贝加尔湖和坦干伊喀湖）的湖盆就是由地堑的复合体形成的。这两个湖泊以及其他的地堑湖，特别是在东非裂谷里的那些湖泊和红海都是近代湖泊中最古老的。火山活动可以形成各种类型的湖盆，主要类型为位于现存的火山口或其残迹中的火口湖。俄勒冈的火口湖就是典型的例子。

湖盆还可由山崩物质堵塞河谷而形成，但这种湖盆可能是暂时性的。冰川作用可以形成大量的湖泊，北半球的许多湖泊就是这种作用形成的，湖盆为冰盖退缩过程中的机械磨蚀作用所形成，或由于冰盖边界处冰体堰塞而成。冰碛对堰塞湖盆的形成起着重要的作用，纽约州的芬格湖群就是冰碛堰塞而成。河流作用有几种方式可以形成湖盆，最重要的有瀑布作用，支流沉积物的阻塞，河流三角洲的沉积作用，上游沉积物由于潮汐搬运作用而阻塞，河道外形的改变（即牛轭湖和天然堤湖）以及地下水的溶蚀作用所形成的湖泊。有些沿海地区，沿岸海流可以堆积大量的沉积物阻塞河流。此外，风、运动活动和陨石都可能形成湖盆。

湖泊沉积物主要是由碎屑物质（黏土、淤泥和砂粒）、有机物碎屑、化学沉淀或是这些物质的混合物所组成。每一种沉积物的相对数量取决于流域的自然条件、气候以及湖泊的相对年龄。湖泊中主要的化学沉积物有钙、钠、碳酸镁、白云石、石膏、石盐以及硫酸盐类。含有高浓度硫酸钠的湖泊称为苦湖，含有碳酸钠的湖泊称为碱湖。

由于不同湖盆侵蚀产物的化学性质不同，因此，世界上湖泊的化学成分也是千变万化的，但在大多数情况下，主要成分却是相似的。湖泊含盐量系指湖水中离子总的浓度，通常含盐量是根据钠、钾、镁、钙、碳酸盐、硒酸盐以及卤化物的浓度来计算。内陆海有很高的含盐量。美国犹他州大盐湖含盐量大约为每升 20 万毫克。

湖水最大密度的温度是随深度变化的，大多数湖水最大密度温度接近于 4℃（39.2 ℉），而在接近 0℃时形成冰，当湖泊随着表面冷却降到 4℃时，垂直混合发生。如果密度随深度增加，则湖泊被认为是稳定的；如果密度随深度减小，则表明湖泊存在着不稳定的条件。由于冷却和增温过程，表面水层密度增加，使水团下沉，引起混合，这一现象称为湖水循环或湖水对流。湖泊热量估算包括以下几个主要因素：净射入的太阳辐射，由湖泊表面和大气散射的长波辐射的净交换，表面分界面上可感热的输送和潜热过程，以及通过河川径流、降水、地下水流入和流出的热量，地热的传导和动能的消耗。

引起湖水运动的力主要有风力、水力梯度及造成水平或垂直密度梯度引起的力。湖面风将能量传给湖水，引起湖水运动。由水流进出湖泊而引起水力效应。湖水内部压力梯度及由水温、含沙量或溶解质浓度变化造成的密度梯度都能引起湖水运动。

湖流是各种力相互作用的结果，但在许多情况下少数特定的力起着支配作用。当没有水平压力梯度，没有摩擦时，水平流受地转偏向力影响，北半球将偏向右。在压力梯度起支配作用时，则这种力与地转偏向力相结合形成所谓地转流。这种情况只出现在很大的湖泊中。由于风力作用或气压梯度使水面倾斜而产生梯度流。由风力引起的湖流最为普遍。在大的深水湖中，理论上表面流流向将沿着风向右偏45°，及到深层，流速逐渐减弱，且进一步向右偏。在风力影响不能到达的深度以下，水流的方向与风向相反。对于中纬度大而深的湖泊这种深度约为100米。兰米尔环流是风在水面引起的一种小型环流现象，刮风时，可以观察到水面上产生许多平行波纹，而且可以延续到相当远的距离，在波纹处出现相对下沉，波纹之间则相对上升，这种环流现象也可以由湖内热力混合下沉而造成。

湖中波浪多是由湖面风引起的。风吹到平静的湖面上，首先使广阔的湖面产生波动和波纹，形成比较有规则、范围较小且向同一方向扩展的表面张力波。波高的增加与风速、作用持续时间及吹程呈函数关系。然而即使在最大的湖泊中，也不会出现海洋中的波涛现象。湖面波浪沿着风向且与波浪顶峰垂直方向传播，若波长超过水深的4倍，波速近似等于水深与重力加速度乘积的平方根；若水深较大时，波速与波长的平方根成正比。

由于持久的风力和气压梯度造成湖面倾斜，当外力作用停止时将引起湖水流动，使湖面复原。这一过程称静振。基本的静振为单节的，但如发生谐波，则亦可能是多节的。如风沿狭长的湖泊长轴劲吹，则多出现纵向静振，而横穿狭窄湖面则多出现横向静振。湖泊内部静振是由热力分层现象引起的。

湖泊主要通过入湖河川径流、湖面降水和地下水而获得水量。湖泊分不流通湖（无地表或地下出口）和流通湖（有地表或地下出口）两种。不流通湖湖水耗于蒸发而导致湖水含盐量增加，流通湖湖水通过地表或地下径流流走，湖水量收支的净差额，随入流量和出流量的周期性或非周期性的变化而变化，这种差额引起了湖水位的变化。湖水位通常在雨季或稍后上升，蒸发旺季下降。以冰川融水为主要补给的湖泊，水位的变化既与热季又与雨季相应。

地球海洋资源

约占地球表面积为 70.9% 的盐水水域，称其为海洋，分布于地表的巨大盆地中。面积约 3.62 亿平方千米。海洋中含有 13.5 万亿多立方千米的水，约占地球上总水量的 97.5% 。全球海洋一般被分为数个大洋和面积较小的海。四个主要的大洋为太平洋、大西洋、印度洋和北冰洋（有科学家又加上第五大洋——南极海，即南极洲附近的海域），大部分以陆地和海底地形线为界。四大洋在环绕南极大陆的水域即南极海大片相连。传统上，南极海也被分为 3 部分，分别隶属三大洋。将南极海的相应部分包含在内，太平洋、大西洋和印度洋分别占地球海水总面积的 14.2% 、24% 和 20% 。重要的边缘海多分布于北半球，它们部分为大陆或岛屿包围。最大的是北冰洋及其近海、亚洲的地中海（介于澳大利亚与东南亚之间）、加勒比海及其附近水域、地中海（欧洲）、白令海、鄂霍次克海、黄海、东海和日本海。

广阔的海洋，从蔚蓝到碧绿，美丽而又宽阔。但好多人却不知道，海和洋不完全是一回事，它们彼此之间是不相同的。那么，它们有什么不同，又有什么关系呢？

洋，是海洋的中心部分，是海洋的主体。世界大洋的总面积，约占海洋面积的 89% 。大洋的水深，一般在 3000 米以上，最深处可达 1 万多米。大洋离陆地遥远，不受陆地的影响。它的水温和盐度的变化不大。每个大洋都有自己独特的洋流和潮汐系统。大洋的水色蔚蓝，透明度很大，水中的杂质很少。

海，在洋的边缘，是大洋的附属部分。海的面积约占海洋的 11% ，海的水深比较浅，平均深度从几米到两三千米。海临近大陆，受大陆、河流、

53

气候和季节的影响，海水的温度、盐度、颜色和透明度，都受陆地影响，有明显的变化。夏季，海水变暖，冬季水温降低；有的海域，海水还要结冰。在大河入海的地方，或多雨的季节，海水会变淡。由于受陆地影响，河流夹带着泥沙入海，近岸海水混浊不清，海水的透明度差。海没有自己独立的潮汐与海流。海可以分为边缘海、内陆海和地中海。边缘海既是海洋的边缘，又是临近大陆前沿；这类海与大洋联系广泛，一般由一群海岛把它与大洋分开。我国的东海、南海就是太平洋的边缘海。内陆海，即位于大陆内部的海，如欧洲的波罗的海等。地中海是几个大陆之间的海，水深一般比内陆海深些。世界主要的海接近 50 个。太平洋最多，大西洋次之，印度洋和北冰洋差不多。

海洋是怎样形成的？海水是从哪里来的？

对这个问题目前科学还不能做出最后的答案，这是因为，它们与另一个具有普遍性的、同样未彻底解决的太阳系起源问题相联系着。

现在的研究证明，大约在 50 亿年前，从太阳星云中分离出一些大大小小的星云团块。它们一边绕太阳旋转，一边自转。在运动过程中，互相碰撞，有些团块彼此结合，由小变大，逐渐成为原始的地球。星云团块碰撞过程中，在引力作用下急剧收缩，加之内部放射性元素蜕变，使原始地球不断受到加热增温；当内部温度达到足够高时，地内的物质包括铁、镍等开始熔解。在重力作用下，重的下沉并趋向地心集中，形成地核；轻者上浮，形成地壳和地幔。在高温下，内部的水分汽化与气体一起冲出来，飞升入空中。但是由于地心的引力，它们不会跑掉，只在地球周围，成为气水合一的圈层。

位于地表的一层地壳，在冷却凝结过程中，不断地受到地球内部剧烈运动的冲击和挤压，因而变得褶皱不平，有时还会被挤破，形成地震与火山爆发，喷出岩浆与热气。开始，这种情况发生频繁，后来渐渐变少，慢慢稳定下来。这种轻重物质分化，产生大动荡、大改组的过程，大概是在 45 亿年前就完成了。

地壳经过冷却定形之后，地球就像个久放而风干了的苹果，表面皱纹密布，凹凸不平，高山、平原、河床、海盆等各种地形一应俱全了。

在很长的一个时期内，天空中水气与大气共存于一体，浓云密布，天昏地暗。随着地壳逐渐冷却，大气的温度也慢慢地降低，水气以尘埃与火山灰为凝结核，变成水滴，越积越多。由于冷却不均，空气对流剧烈，形成雷电狂风，暴雨浊流，雨越下越大，一直下了很久很久。滔滔的洪水，通过千川万壑，汇集成巨大的水体，这就是原始的海洋。

原始的海洋，海水不是咸的，而是带酸性、又是缺氧的。水分不断蒸发，反复地形云致雨，重又落回地面，把陆地和海底岩石中的盐分溶解，不断地汇集于海水中。经过亿万年的积累融合，才变成了大体的咸水。同时，由于大气中当时没有氧气，也没有臭氧层，紫外线可以直达地面，靠海水的保护，生物首先在海洋里诞生。大约在38亿年前，即在海洋里产生了有机物，先有低等的单细胞生物。在6亿年前的古生代，有了海藻类，在阳光下进行光合作用，产生了氧气，慢慢积累的结果形成了臭氧层。此时，生物才开始登上陆地。

总之，经过水量和盐分的逐渐增加，及地质历史上的沧桑巨变，原始海洋逐渐演变成今天的海洋。

一滴海水中含有的元素

盛夏酷暑，海滨是人们休夏避暑的最好去处。是啊，当你站在柔软的沙滩上，面对波光粼粼的浩瀚大海，迎面吹来阵阵凉爽的海风，真是舒服极了。然而，最令人快乐的莫过于在大海中游泳了：清凉的海水，湛蓝的天空，起伏的波浪，使你置身于蓝天碧海之间，顿时忘记了暑热的烦恼、放松了紧张的神经。可是，如果你是第一次在大海里游泳时千万要注意掌握好海浪起伏的规律，否则一个浪花袭来，你会呛水的。这时你的第一个感觉肯定是："哇！海水怎么这么苦咸呀？"

海水之所以苦，是由于海水中溶解着大量的物质。这些溶解着的物质除了我们所熟悉的食盐——氯化钠之外，还有氯化镁、硫酸镁、氯化钾、碳酸镁等等很多很多种物质呢！科学家们发现，在目前人类

海水含丰富的元素

已发现的 92 种天然元素中，在海水中就可以找到 80 多种。

为了更好地研究和开发海洋，科学家们早在约 200 年前就开始了对海水中存在着的物质进行研究。

他们发现，除了构成水的元素——氢和氧之外，海水中溶解着的物质中有 99.9% 以上是由 11 种元素组成的。如果以这些元素的含量与海水的重量相比，恰恰它们均大于 1 毫克/10 克。也就是说，在 1 吨重的海水中，它们的含量都大于 1 克。因而这 11 种元素被称为海水的主要溶解成分。

如果按元素在海水中含量由大到小的顺序排列，它们依次是：氯（Cl）、钠（Na）、镁（Mg）、硫（S）、钙（Ca）、钾（K）、溴（Br）、碳（C）、锶（Sr）、硼（B）和氟（F）。

但是，这些元素在海水中并不都是以物质分子的形式存在的。它们大多是呈离子的形式存在。其中金属元素以阳离子的形式存在——钠、镁、钙、钾、锶；非金属离子以阴离子形式存在——氯根、硫酸根、碳酸氢根（包括碳酸根）、溴根和氟根；只有硼酸是以分子的形式存在的。

海水的主要溶解成分之间，它们与海水之间有些什么关系呢？

1819 年，英国科学家马赛特首先对取自大西洋、北冰洋、波罗的海、黑海和黄海的 14 个水样进行分析后，得出了镁、钙、钠、氯和硫酸根 5 种离子之间存在着近似的恒比关系。1884 年，英国科学家迪特马尔分析了英国"挑战者"号调查船从世界主要大洋和海区的不同深度采集的 77 个海水样品，将海水主要溶解元素的恒比关系扩大到 7 种。20 世纪 60 年代中期，为了深入研究海水中主要溶解元素的含量及其保守性，英国国立海洋研究所和利物浦大学通过对世界各大洋及有关海区不同深度的海水样品进行测定，分别得到了表层水、中层水和深层水中主要溶解成分含量。1975 年，威尔逊教授对海水中主要溶解成分进行了全面总结。

实践证明，在世界大洋的各个海域，尽管海水的含盐量会随着海域的不同和海水的深浅而产生差异，但海水的这些主要元素之间在含量方面却存在着一个近乎恒定的比例关系。因此，人们在分析海水主要化学成分时，只要测定出其中任何一种主要成分的含量，不但可以求出海水的盐度，而且还可以依此数据将其余主要元素的含量计算出来，大大简化了海水分析工作的程序。海水主要元素之间的这一特定关系，被海洋学家称之为海水的相对比例定律。

有人要问，海水主要元素之间的这一恒定比例关系为什么会出现，有没有可能发生变化呢？

我们说，之所以会出现海水主要元素间的恒定比例关系，一是由于这些元素在海水中发生变化很小，其性质相当稳定；同时由于海水总是在不停地运动着，海水已经过了上万次的"搅拌"，混和得已相当充分。但是，这一特性并不适用于一切海域。例如在近海及河口区，由于大陆径流的影响，河水将陆地大量的物质携带输入海洋，而使局部海水中的钙离子、硫酸根和碳酸氢根离子要大于正常海水中该元素的含量。在某些生物生长繁茂的水域，其生物在繁殖过程中吸收钙和锶，因而这些水域中的上层钙和锶含量要少于下层。

海洋，人类未来的希望

人类社会发展在取得繁荣进步的同时，若干生存危机也日益显露出来，而"入地"、"下海"、"上天"则是人类摆脱危机、走出困境的三大出路，其中尤以海洋的潜力最大，是人类未来的希望。

海洋面积占地球表面的70.8%，从这点上看，地球基本上是一个"水球"。海洋中蕴藏着丰富的、可满足人类生存发展需要的各种资源，是人类未来的"大粮仓"、"大矿场"、"大药房"、"大能源库"、"大建材基地"……保护和合理开发海洋关系到人类能否在地球上实现可持续发展的重大问题。

大　海

人类未来的"大粮仓"

海洋是人类未来的"大粮仓"和"聚宝盆"，这并不夸张。在辽阔的海洋中生长着极其丰富的、可供人类利用的各种生物资源。过去，人们一直认为寒冷而又没有阳光的深海海底是生物无法生存的"荒漠"，然而，海洋学家在 1995 年运用先进仪器对深海底部进行考察，意外地发现在这个"荒漠"中竟贮藏着多达 1000 万~1 亿种的生物，比过去人们公认的 20 多万种高出数百倍。

在海洋的动物资源中，鱼类、哺乳动物和大型无脊椎动物的年再生量约为 8 亿吨。目前人类利用最多的是鱼类，年捕捞量在 1 亿吨左右。南极磷虾蕴藏量估计有 10 亿~50 亿吨，至今尚未大量开发利用。磷虾是世界上迄今发现的蛋白质含量最高的一种生物。除用磷虾肉可做成各种营养丰富、味道鲜美的食品外，磷虾壳还可以加工成上等饲料。每年若捕捞利用 10%，就可以满足人类目前对蛋白质的需要。

在海洋植物资源中，已知的约有 17000 多种，比动物资源更丰富，其中以藻类的数量最庞大，总量超出鱼类万倍以上。许多海藻含有丰富的蛋白质、维生素、无机盐和微量元素等，而且有些物质是陆生植物所没有的，不仅可以作食品、饲料，而且是重要的工业原料，在医学上也有不少用途。近年来，海洋生物学家培育成功的一种小型海藻品种干燥后含有 50% 的蛋白质，此外还富含淀粉、维生素和矿物质，可制成营养丰富、价廉物美的食品。试验证明，人工繁殖海藻，1 公顷海面就可获得 20 吨蛋白质，相当于陆地上种大豆 40 公顷所获得的蛋白质。仅近海水域，海藻的产量就比全世界小麦产量高出 20 倍。

由此可见，磷虾和海藻将是人类未来两种重要的食物来源。

据科学家们推算，地球上的生物资源 80% 生长在海洋里，总量约有 1350 亿吨，海洋每年繁殖的生物量多达 400 亿吨左右，人类目前只利用了其中很小一部分，大约只占 2%。如果运用现代科学技术，在不破坏生态平衡的条件下，像陆地那样，对其可以开发利用的海域实行"耕作"，那么，海洋每年可向人类提供几十亿乃至上百亿吨的食物，可以满足人口不断增加的需要。

人类未来的"大矿场"

海洋也是人类未来的"大矿场"。海水中含有 80 多种化学元素，大多是重要的工业原料。据推算，每立方千米海水中，除去水分之外，还有 3750 万吨化学物质，价值在 10 亿美元以上，其中盐 3000 万吨、氧化镁 320 万吨、碳酸镁 220 万吨、硫酸镁 120 万吨、溴 7.2 万吨……

在靠海岸的滨海地层里，富集着丰富的钛铁矿、金红石、锆英石等稀有金属矿物。

在海底还蕴藏着大量的矿物资源，可供人类开发利用。现已探明海底金属结核就有锰、铜、镍、钨等40多种。每平方千米的海底下就蕴藏1万～5万吨矿物团块。仅锰结核矿，全球海洋储量就达3万亿～5万亿吨，并且每年还在以1000万吨的速度增长着。其中含铜量海洋是陆地的50倍，含镍量为600倍，含钨量为3000倍。估计整个海洋的矿产资源达6000亿亿吨。

人类未来的"大能源库"

海洋又是一个巨大的"能源库"。除可以利用潮汐、波浪、海水温差等发电外，海水中蕴藏的铀有40亿～50亿吨，为陆地储量的数千倍。海水中的氘和氚所蕴藏的总能量折成石油将超过现有海水的总体积。1千克氘所产生的能量相当于燃烧1万吨标准煤。如把海水中的氘通过核聚变方式向人类提供能源，可供人类利用几百亿年，而且是一种无污染的清洁能源。海底还蕴藏着丰富的石油资源，估计储量有1000亿～3000亿吨，为陆地可采量的1.5倍以上。

近年来，美国科学家又在洋底发现了一种新的能源——冰的沼气水化物（即可燃烧的冰）。专家们估计海底下储藏的这种燃料有10万亿吨，相当于目前已知古生物能源载体所含碳的2倍，据说可供人类开采利用100万年。1997年，美国科学家还在大西洋西部的布莱克海脊发现了一个固态甲烷储藏地，其储藏量相当于150亿吨煤炭。

人类未来的"大药房"

海洋不仅是人类未来的"大粮仓"、"大矿场"和"大能源库"，而且还是人类未来的"大药房"。药学工作者用现代科学方法已从20多万种海洋生物中筛选出具有药理活性的海洋生物（包括细菌、真菌、植物和动物）1000种以上，同时还从海洋矿产和黑泥中发现和提炼出多种药物。日本科学家还从海洋动植物中分离出大约3000种有医用价值的物质。按海洋药物的用途大体可分为治心脑血管系统药物、抗癌药物、抗微生物感染药物、滋补保健物和其他药物五大类，构成一个门类较齐、数量众多、品种繁杂的"蓝色大药房"。它既可用于人类疾病（特别是癌症）的防治，又可用作农牧业的病虫害防治。从河豚鱼籽中提炼出的河豚毒素，只要极微量一点，其镇痛作用就超过可卡因几千倍。从某些软体动物和多毛纲蠕虫中还可提炼出一种极为珍贵的抗癌药物——"阿拉伯糖核嘧啶"。海洋中的一种多毛纲动物——海蚕，含有一种毒素，可杀死昆虫。科学家已从中分离出一种毒性很强的农业杀虫剂——海蚕毒素，杀虫效果极好。与化学农药比较，它有一个最大的优点，就是对人畜等热血动物无害，在土壤中也不会存留很久，是人类未来的一种理想的农业杀虫剂。

近年来，美国科学家从海洋生物中还发现许多可以增强动物免疫力的活性物质。临床试验证明，将这种免疫物质注入人和动物体内，可提高免疫力1倍多。

又据专家研究发现，海水中含有与人体血浆相同的成分，具有特殊的医疗功效，能治疗多种疾病。在35℃~37℃的温度下，海水所含的各种矿物盐和微量元素（共有70多种）能通过皮肤进入人的肌体，可促进疾病的治疗。海水中含的多种微小的活性物质、浮游生物能分泌出一些具有抗生素灭菌的物质和激素。这些物质在进入人体内部后能激起化学反应和带来生物平衡。

研究海洋生物还可破解不少人类之谜。如通过研究鱿鱼的神经细胞可能会最终找到战胜人类老年性痴呆和帕金森病的有效途径。

利用海水、阳光和海滨空气等来治疗、健身的海疗法，也是目前很有吸引力的健身疗法。

随着科学技术的发展，蓝色海洋中还会发现更多的"仙丹妙药"，为人类健康效力。

人类未来的"大建材基地"

从已发明的技术看，未来人类向大海要建筑材料的梦想将会变成现实。20世纪90年代，西班牙工程师豪尔赫·扎普等发明了一种生物建造法，向大海要建材。他们以金属网和电流为原料，再利用海洋中的生物（主要是贝类）制成可以完全使用的砖、瓦、管道及其他建材。首先，工程师们把金属网制成预定的形状，并将其放入海水中。接着，给金属网通上微弱的电流，剩下的工作就由海水和热带海底动物来完成，这样工程师们就可坐享其成了。仅需 3 个月，金属网上就会布满一层厚度为 0.5 厘米的有机物（碳酸钙），各式各样的建材便成型了，而且物美价廉，经久耐用。

被誉为"日本的爱迪生"的著名发明家滕增博士还发明了一种化学建造法，用一种凝固剂直接将海水变成坚硬的石砖。

由此看来，海洋也将是人类未来取之不尽、用之不竭的建筑材料基地。

人类未来的栖身地

在地球人满为患的威胁渐渐向人类进逼的今天，人类在陆地上的生存空间越来越少，人类未来栖身地也主要寄托在海洋上。除移山填海建造人工岛外，建设海上浮动城市也将变为现实。日本的一批建筑商正计划在离东京 120 千米的海面上筹建世界上首座可居住 100 万人口的海上城市，估计将耗资 2000 亿美元，将在 21 世纪下半叶建成。

移居海底也是人类未来的一条栖身出路。现代科学技术已有可能把这一幻想变成现实。早在 1912 年，人类便开始了建造海底居民点的试验。这年，在红海苏丹港外水深 14 米的海底，一名叫柯斯塔的苏丹人自告奋勇地出任海底居民点的"村长"，带领 20 户居民共 50 多人移居海下，70 多年中，尽管不少移居村民已先后去世，但新居民前仆后继坚持在海底生活，人丁越来越兴旺。现代科学技术完全可以解决海底居住的一些技术难题。

为了更好地利用广阔的海洋空间，开发海底资源，更大胆的设想已被科学家提出，即运用遗传工程技术将人类本身由单一的"陆地人"改造成也能适应海洋生活的"两栖人"。

地球气候的天然调节器

海洋—大气系统是地球气候的巨大天然调节器，保持和保护这个系统的自然调节和平衡力不受人为破坏，对于人类的可持续发展至关重要。海洋调节气候的作用主要表现在以下几个方面。

（1）热量收支平衡器。海洋吸收的热量（主要是太阳辐射）和散失的热量（主要是蒸发）基本保持了收支平衡，它对地球气温保持在一定的正常范围内起着巨大的不可替代的作用。

（2）吸收、储存二氧化碳等温室气体，缓解地球气候变暖。海洋是吸收和储存二氧化碳废气的巨大容器，生长在海洋的浮游生物通过光合作用，就可吸收大气中大约30%的二氧化碳。一种像虾一样专吃浮游生物的甲壳动物，在食后要沉入深海排泄，也能使有机碳在海底沉积。用卫星数据推算，海洋每年可吸收二氧化碳31.1亿吨。

（3）向地球大气提供氧气，保持氧气同位素组分的平衡。苏联科学家B·布加托夫经过20多年研究，证实地球大气中的氧气除1/3是地球绿色植物释放的外，有2/3是地核通过海洋向大气提供的，正是这两种不同的氧气在大气中混合才保持了氧气同位素组分的平衡。海藻在进行光合作用吸收二氧化碳的同时，也大量释放出氧气，参与氧碳平衡。

此外，海洋里的巨大洋流运动（特别是厄尔尼诺现象）引起的水温的波动，可使天气发生异常变化，为人类预报、预防全球异常气候提供了重要线索，以利人类防灾减灾。

由此看来，在全球人口不断增加、陆地资源日益短缺、环境日渐恶化的今天，保护海洋，合理开发利用海洋资源，使它不受污染，对人类未来的可持续发展是何等重要啊！然而，人类对于海洋的认识，远不如宇宙空间，从联合国公布的数据看，人类调查过的海底还不到5%，海洋的面目究竟如何，人类还认识得很不够。更令人痛心的是，人们至今还把海洋当成填不满的垃圾场和污水坑，任意向海洋排放污水和工业废物，使它遭到严重的污染，同时又采取过度开发、残酷捕捞等手段，掠夺海洋资源，使海洋生态环境日益恶化。对此，地球已在大声呼吁：是到了人类应该保护和拯救海洋的时候了，如果没有健康的海洋，人类也注定要灭亡！

人类的生物资源

生物资源是生物多样性中对人类具有现实和潜在价值的基因、物种和生态系统的总和，它们是生物多样性的物质体现，是发展生物技术及其产业的基础，是人类赖以生存的物质基础。

63

生物资源概述

生物资源是自然资源的有机组成部分，是指生物圈中对人类具有一定价值的动物、植物、微生物以及它们所组成的生物群落在目前的社会经济技术条件下人类可以利用与可能利用的生物，包括动植物资源和微生物资源等。生物资源具有再生机能，如利用合理，并进行科学的抚育管理，不仅能生长不已，而且能按人类意志进行繁殖更生；若不合理利用，不仅会引起其数量和质量下降，甚至可能导致灭种。在生物资源信息栏目中，设有动物资源信息、植物资源信息、微生物资源信息、自然保护区与生物多样性信息等子栏目。

生物资源是生物圈中一切动、植物和微生物组成的生物群落的总和。有的学者

自然界中的生物资源

把生物群落与其周围环境组成的具有一定结构和功能的生态系统称为生物资源。从研究和利用角度，通常分为森林资源、草场资源、栽培作物资源、水产资源、驯化动物资源、野生动植物资源、遗传基因（种质）资源等。生物资源属可更新自然资源，在天然或人工维护下可不断更新、繁衍和增殖；反之在环境条件恶化或人为破坏及不合理利用下，会退化、解体、耗竭和衰亡，有时这一过程具有不可逆性。生物资源具有一定的稳定性和变动性。相对稳定的生物资源系统能较长时间保持能量流动和物质循环平衡，并对来自内外部干扰具有反馈机制，使之不破坏系统的稳定性。但当干扰超过其所能忍受的极限时，资源系统即会崩溃。不同的资源系统的稳定性不同。通常，资源系统的组成种类和结构越复杂，抗干扰能力越强，稳定性也越大。反之亦然。生物资源的分布有很强的地域性，不同地区生物资源的组成种类和结构特点不同。它是农业生产的主要经营对象，并可为工业、医药、交通等部门提供原材料和能源。随生产发展和科技进步，生物资源作为人类生活和生产的物质基础，已越来越为人们了解和重视，同时生物资源的承载能力与人类需求间的矛盾也日益尖锐，故其研究已成为当今世界上最受关注和充满活力的领域之一。

1992 年，联合国环境发展大会《生物多样性公约》指出："生物资源指对人类具有实际或潜在用途或价值的遗传资源，生物体或其部分、生物群体或生态系统中任何其他生物组成部分"，"最好在遗传资源原产国建立和维持移地保护及研究植物、动物和微生物设施"。也就是说明生物能为我们提供食物、能源和各种原材料。调查身边的经济生物的种类，了解这些生物具有的经济价值，可以使我们进一步认识到保护生物多样性的意义。

动物资源

动物资源是在目前的社会经济技术条件下人类可以利用与可能利用的动物，包括陆地、湖泊、海洋中的一般动物和一些珍稀濒危动物。动物资源既是人类所需的优良蛋白质的来源，还能为人类提供皮毛、畜力、纤维素和特种药品，在人类生活、工业、农业和医药上具有广泛的用途。

动物资源是生物圈中一切动物的总和。通常包括驯养动物资源（如牛、马、羊、猪、驴、骡、骆驼、家禽、兔、珍贵毛皮兽等）、水生动物资源（如鱼类资源、海兽与鲸等）及野生动物资源（如野生兽类和鸟类等）。它与人类的经济生活关系密切，不仅可提供肉、乳、皮毛和畜力，而且是发展食品、轻纺、医药等工业的重要原料。野生动物资源在维持生物圈的生态平衡中起重要作用。

自然界的动物资源

我国的动物资源

我国具有多种气候条件，从寒温带、温带、暖温带、亚热带到热带，以及西部高原的东原带，植被随气候条件相应变化，动物生活的外界环境极为多样，因而，动物种类非常丰富，特产种类也比较多。世界现有哺乳动物20个目，4010 种；而我国有14 目，430 种，占全球种类的10．72%左右，其中有些是我国特有的珍稀动物。下面是对我国哺乳动物资源的简单描述：

吉林、辽宁以及阿尔泰山一带的典型种类有驯鹿、驼鹿、狼獾、雪兔、马鹿、白鼬、伶鼬、猞狲、棕熊、狼、狐及仅见于新疆阿尔泰山地的河狸。还有林旅鼠、普通田鼠、蝙蝠、飞鼠、松鼠、狍、艾鼬、狗獾，小型兽如须鼠耳蝠、大棕蝠、褐家鼠等。

我国东北邻近的俄罗斯、朝鲜、日本附近分布的种类有鼠兔科的鼠兔、紫貂、花鼠、大林姬鼠、狭颅田鼠、长尾黄鼠，以及东北兔、东北鼢鼠、沼地田鼠等。

南抵秦岭、淮河，西起西倾山，东临黄、渤海的华北区包括西部黄土高原、北部的冀热山地及东部的黄淮平原，气候属温带，冬寒夏热。属本区特有或主要分布于本区的种类为大仓鼠、棕色田鼠、林猬和麝鼹等少数种类。本地区的主要特点是南北耐湿动物在本区互相渗透。主要有猕猴和果子狸、黄喉貂等。横贯欧亚大陆湿润地带的种类如狍、班羚、花鼠、北方田鼠、大仓鼠、长尾仓鼠等在本区也有分布。黄淮平原为开阔的农耕区，动物种类贫乏，主要为几种仓鼠、中华鼢鼠、刺猬、麝鼹等。

内蒙古鄂尔多斯高原、阿拉善、河西走廊、塔里木、紫达木、准噶尔等盆地和天山山地等地区为典型的大陆性气候，属荒漠和草原地带，主要有黄羊、达乌尔鼠兔、达乌尔黄鼠、小毛足鼠、草原鼢鼠、长爪沙鼠、草原田鼠、草原旱獭等动物。西部荒漠地区属于典型的荒漠种类，与蒙古接壤的砾质和砂质戈壁地带分布了如栓柳沙鼠、短耳沙鼠、红尾沙鼠、大沙鼠、子午沙鼠、五趾心颅跳鼠、三趾心颅跳鼠、肥尾心颅跳鼠、长耳跳鼠、五趾跳鼠、小五跳鼠、巨泡五趾跳鼠、羽尾跳鼠、三趾跳鼠、小耳跳鼠等典型荒漠种类，食肉类广布种中有虎鼬、漠猫、兔狲和沙狐。有蹄类有野生双峰驼、野驴以及几种羚羊，为本区代表种类。天山山地森林种类有马鹿、狍等。

青海、西藏和四川西部，东由横断山脉的北端，南由喜马拉雅山脉，北由昆仑、阿尔金和祁连山各山脉所围绕的青藏高原，海拔平均在 4500 米以上，气候属长冬无夏的高寒地带，植被包括高山草甸、高山草原和高寒荒漠。

羌塘高原动物贫乏，主要种类为野牦牛、藏羚、野驴等。青海、西藏地区，自然条件垂直变化比较明显，气候随海拔降低而较温暖。高山带以下主要是草原环境。东南部有高山针叶林，动物区系中包括出现于针叶林或高山灌丛和高山草甸的种类，如白唇鹿、松田鼠、马鹿。其中狭颅鼠兔、川西鼠兔、木里鼠兔只在本区出现。其他的种类如大耳鼠兔、藏鼠兔、间颅鼠兔、红耳鼠兔、黑唇鼠兔和灰鼠兔等在其他区域有一定程度的扩展。这个地带为现代鼠兔最繁盛的中心。雪豹、白鹿、藏狐、藏原羚、岩羊、盘羊、喜马拉雅旱獭、藏苍鼠等为广泛分布的种类。

西南区包括四川西部，昌都地区东部；北起疗海、甘肃南缘，南抵云南北部，即横断山脉部分，西至喜马拉雅的南坡针叶林带以下的山地。境内布满高峡谷，地形起伏大，自然条件的垂直差异显著，因而本地区动物也以明显垂直变化为特征。大熊猫和小熊猫为本地区的典型代表，特别是大熊猫科为我国特有。大熊猫分布于横断山脉的中部和北部，并向东延伸至秦岭南坡；小熊猫分布于整个横断山脉，并向西伸至喜马拉雅山，以及缅甸等国。食虫目的鼩鼹、多齿鼩鼹、长尾鼩鼹、甘肃鼹、川鼩、蹼麝鼩等单型属种类和非单型属中的背纹鼩鼱、四川水麝鼩和几种长尾鼩等，种类的分布范围与大熊猫分布范围大致相同，均从横断山脉为分布中心，故横断山脉是较古老的动物保存得最多的地区，因而可能是物种保存中心或形成中心。类似于大熊猫分布范围的还有白臀鹿，啮齿类中包括鼯鼠、灰鼯鼠、掠足鼯鼠、侧纹岩松鼠、四川田鼠、沟牙田鼠以及多种绒鼠。类似于小熊猫分布范围的有羚牛、林麝，有啮齿类有丽鼯鼠、黑白鼯鼠。主要分布于喜马拉雅山南坡有塔尔羊、锡金松田鼠、锡金长尾鼩和印度长尾鼩。此外还有长尾叶猴、红斑羚和菲氏麂。以上种类中，大多为我国所特有。

四川盆地以东的长江流域：西半部北起秦岭，南至西江上游，除四川盆地外，主要是山地和高原。东半部为长江中下游流域，并包括东南沿海丘陵的北部，主要是平原和丘陵。北界自秦岭、伏牛山、大别山向东，大致沿淮河流域南部，而终于长江以北通扬运河一线。本区特有的种类不多。在东部丘陵平原区分布广泛的种类有穿山甲、短尾猴、小灵猫、食蟹獴、金猫、黄鹿、毛冠鹿、水鹿、鬣羚、赤腹松鼠、中华竹鼠、大鼯鼠、红白鼯鼠以及多种家鼠。限于本区特有种类有黑鹿、獐、白鳍豚，此外只分布于西部山地高原地区的种类尚有金丝猴、羚牛和扫尾豪猪。

华南区包括云南与两广南部、福建省东南沿海一带，以及台湾、海南岛和南海各群岛。在我国范围内动物中，主要代表性动物有几种长臂猿、懒猴、熊猴、叶猴、亚洲象、熊狸、大斑灵猫、椰子狸、背纹鼬、豚鹿、鼷鹿、野牛、蓝腹松鼠、巨松鼠、笔尾树鼠、长尾攀鼠等等，其中有许多只限于云南最南部。在亚南热带地区代表性动物中有树鼩、棕果蝠、银星竹鼠等。

熊狸

我国动物资源的保护

保护野生动物的意义

①《中华人民共和国野生动物保护法》规定，珍贵、濒危的陆生、水生野生动物和有益的或者有重要经济、科学研究价值的陆生野生动物受国家法律保护，所以滥食野生动物是违法行为。②保护野生动物就是保护人类自己。由于环境的恶化，人类的乱捕滥猎，野生动物的生存面临着各种各样的威胁。③食用野生动物极易传染疾病。

野生动物的保护方式要多样性

野生动物保护方式以自然保护区管理为领导，依托分局实行综合管护与分级管护相结合的原则，采取以保护区管理人员为主，与当地政府和居民参与保护管理为辅有机结合，把资源的有效管理与合理开发利用相结合，用不同的保护方式使整个保护区以保护为主，并协调科研、宣传教育等活动。

管理策略

①完善野生动物保护法规体系建设。完善野生动物保护法规体系建设是保障和促进经济与环境协调发展的重要环节和前提之一，首先必须考虑法规体系建设的指导思想。在指导思想上，应以"生态利益中心主义"取代"人类利益中心主义"。生态利益中心主义所倡导的是生态共同体内各成员间的相互平等、共生以及协调等关系，它在主张自然所固有的内在价值的同时，并不排斥人类的利益；相反，人类处理好自身与环境的协调关系，则能进一步促进自身的生存与发展。因此，野生动物保护法规体系建设应在"生态利益中心主义"伦理价值观的基础上，重新确定环境和自然所固有的价值，并且应树立"生态利益优先"的思想，把人类自身利益和国家利益置身于符合全球环境和生态利益的要求下来考虑。其次，完善野生动物尤其是珍稀濒危动物保护政策和行动计划，抓紧制定与野生物种保护有关的法规、条例和管理办法，使我国的野生动物保护政策、法规和行动走向法制化轨道，为依法保护野生动物奠定基础。

②加大宣传力度。采取野生动物保护知识进课堂及强势媒体、公益广告形式，使保护野生动物深入人心。唤醒保护意识，增强公众的保护野生珍稀濒危动物的自觉性。

③改进保护区建设和管理。对珍稀濒危的野生动物可采取建立保护区的办法进行管理和保护。各级政府和职能部门应加大对各自然保护区的经费投入，加大对野生动物的保护力度，成立相应的管理机构，通过建章立制、目标管理、科研任务落实等，促进对珍稀濒危野生动物的保护。野生动物的保护和研究，长期以来是我国研究领域中的弱项，通过科研院所和地区的合作，加强这一领域的研究是保护野生动物的重要途径，还应出台相应鼓励政策，促进研究工作有新的突破。

④加强合作与交流。加强区内外、国内外在野生动物保护方面的合作，广泛开展动物多样性保护的目标合作，不断加强在野生动物保护科研、管理、技术等方面的合作与交流，学习和借鉴其他省区、各国家先进的保护管理和技术，提高我国野生动物保护工作的能力和效率，提高我国野生动物保护服务水平。

我国的动物资源保护区

总之，同人类一样，各种各样的野生动物也是地球的拥有者，保护野生动物是必要的，我们应该尽快采取行动，做好野生动物的保护，为保护野生动物尽自己最大的努力。

植物资源

植物资源是在目前的社会经济技术条件下人类可以利用与可能利用的植物，包括陆地、湖泊、海洋中的一般植物和一些珍稀濒危植物。植物资源既是人类所需的食物的主要来源，还能为人类提供各种纤维素和药品，在人类生活、工业、农业和医药上具有广泛的用途。

植物资源是生物圈中各种植被的总和，包括陆生植物和水生植物两大类。前者分为天然植物资源（如森林资源、草场资源和野生植物资源等）和栽培植物资源（如粮食作物、经济作物及园艺作物资源）；后者如各类海藻及水草等。植物资源作为第一性生产者，是维持生物圈物质循环和能量流动的基础。

自然界的植物资源

我 国 的 植 物 资 源

我国的植物资源

我国野生植物种类非常丰富，拥有高等植物达 3 万多种，居世界第三位，其中特有植物种类繁多，约 17000 余种，如银杉、珙桐、银杏、百杉祖冷杉、香果树等均为我国特有的珍稀濒危野生植物。我国有药用植物 11000 余种和药用野生动物 1500 多种，又拥有大量的作物野生种群及其近缘种，是世界上栽培作物的重要起源中心之一，还是世界上著名的花卉之母。

国家重点保护野生植物

1994 年，国家林业局和农业部组织专家制定了《国家重点保护野生植物名录》，共收入 419 种和 13 大类物种约 1000 多种，并于 1999 年 8 月公布了第一批《国家重点保护野生植物名录》，为掌握我国重点保护野生植物的资源状况，为保护管理和合理利用野生植物资源提供科学依据。1996～2003 年，国家林业局组织开展了全国重点保护野生植物资源调查，从我国野生植物保护急迫需要出发，确定生态作用关键、经济需求量大、国际较为关注、科研价值高且资源消耗严重的 189 种重点保护野生植物作为本次的调查对象，其中有 148 种列入第一批《国家重点保护野生植物名录》，另有 41 种列入正在争取公布的第二批《国家重点保护野生植物名录》。

调查结果显示，104 种物种极危或濒危，其中百山祖冷杉、普陀鹅耳枥和银杉等 57 种极危，巨柏、水杉、观光木和滇楠等 47 种濒危，岷江柏木、福建柏和红豆杉等 61 种易危，秦岭冷杉、广东松和土沉香等 14 种依赖保护，金毛狗和翠柏等 7 种接近受危，另有光叶蕨、金平桦和秤锤树 3 种野外未发现；55 种野生植物种群数量过少，包括野外未发现的光叶蕨、秤锤树、金平桦 3 个物种，11 个物种的野外植株数量仅 1～10 株，12 个物种的野外植株数量为 11～100 株，13 个物种的野外植株数量为 101～1000 株，14 个物种野外植株数量为 1001～5000 株，以及人参和瑶山苣苔 2 种草本植物；156 种野生植物种群结构不合理，主要包括 55 种种群过小，44 种年龄结构过老并呈衰退趋势，57 种种群以幼树和小苗居多；49 种野生植物仅存 1 个分布地点，极易使野生种群陷入濒危或极度濒危的状态；75 种野生植物因生境恶化，陷入濒危状态；92 种野生植物因市场需求过大导致资源过度利用。

另外，相关专项调查表明，我国苏铁植物的资源状况也不容乐观。近 30 年我国野生苏铁居群与株数至少减少了 60%，其中苏铁、四川苏铁和灰干苏铁 3 种野生居群已几乎绝迹，德保苏铁、多歧苏铁等 8 种处于濒危状态。大部分种类分布范围狭窄，除篦齿苏铁外大部分种类分布局限在某省，甚至某几个县或某条河流，如灰干苏铁仅分布在云南省个旧市保和乡及黄草坝乡。

通过调查，也可喜地看到我国野生植物的人工培育利用有了很大发展，

123 种调查物种在国内有栽培，栽培总面积约 135 万公顷，发展人工培育来解决利用问题，已成为社会普遍关注的热点和新的经济增长点。近年来我国野生植物培育利用业有了很大发展，花卉、药材、园林绿化等行业都已建立了一批具有相当规模的培育基地。

综上所述，由于我国重点保护野生植物多为珍稀特有濒危植物，虽然经过近年来的保护，其野外生存环境得到了一定的改善，人工培植也有了长足的发展，但由于其自身生物学特性等方面的原因，野外生存状况依然堪忧，保护形势相当严峻。

一般野生植物资源

近年来随着六大林业工程稳步推进，尤其是野生动植物及自然保护区建设工程、天然林保护工程、退耕还林和三北长江等防护林工程的实施，自然保护区发展势头良好，森林面积实现了持续增长，使我国野生植物生存环境得到逐步改善。但由于历史的原因，长期以来对于野生植物资源的过度开发利用，加之环境变化等因素的影响，使我国野生植物面临资源锐减、生境恶化、分布区域萎缩、部分物种濒危程度加剧等严峻形势。据有关资料显示，我国目前已有 4000 多种植物受到各种威胁，其中 1000 多种处于濒危态势。

目前，我国一些具有重大经济价值，但尚未纳入国家重点保护的野生植物更是面临着极大的生存威胁，兰科植物是最为典型的例子。我国约有兰科植物 173 属 1200 多种和大量的变种品种，属于《濒危野生动植物种国际贸易公约》的保护范围。但由于兰科植物未被列入已公布的第一批《国家重点保护野生植物名录》，导致兰科植物的保护目前没有法律依据，加之许多兰科植物具有较高的观赏价值和药用价值，所以其野外生存状况很不乐

保护区的植物资源

观。特别是国兰属、兜兰属、万带兰属和杓兰属等兰科植物，由于过度采集，大批量的市场交易，野生资源急剧消失，有些当年的兰花山甚至变得连一棵兰花也找不到。石斛属植物是重要的药材，每年用量 2000 吨以上，而其人工培育数量极少，其产量不足需求量的 1‰，目前国内石斛资源已近枯竭。值得庆幸的是，兰科植物现已被列为野生动植物和自然保护区建设工程的 15 大优先保护物种之一，将会为兰科植物的生存状况带来改观。

微 生 物 资 源

微生物资源是在目前的社会经济技术条件下，人类可以利用与可能利用的以菌类为主的微生物，所提供的物质在人类生活和工业、农业、医药诸方面能发挥特殊的作用。

当人类在发现和研究微生物之前，把一切生物分成截然不同的两大界——动物界和植物界。随着人们对微生物认识的逐步深化，从两界系统经历过三界系统、四界系统、五界系统甚至六界系统，直到 20 世纪 70 年代后期，美国人 Woese 等发现了地球上的第三生命形式——古菌，才导致了生命三域学说的诞生。该学说认为生命是由古菌域、细菌域和真核生物域所构成。

古菌域包括嗜泉古菌界、广域古菌界和初生古菌界；细菌域包括细菌、放线菌、蓝细菌和各种除古菌以外的其他原核生物；真核生物域包括真菌、原生生物、动物和植物。除动物和植物以外，其他绝大多数生物都属微生物范畴。由此可见，微生物在生物界级分类中占有特殊重要的地位。

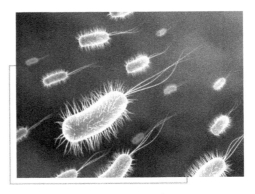

自然界中的微生物资源

生命进化一直是人们关注的热点。Brown 等依据平行同源基因构建的"Cenancestor"生命进化树，认为生命的共同祖先 Cenancestor 是一个原生物。原生物在进化过程中产生 2 个分支，一个是原核生物（细菌和古菌），一个是原真核生物，在之后的进化过程中细菌和古菌首先向不同的方向进化，然后原真核生物经吞食一个古菌，并由古菌的 DNA 取代寄主的 RNA 基因组而产生真核生物。

从进化的角度，微生物是一切生物的老前辈。如果把地球的年龄比喻为 1 年的话，则微生物约在 3 月 20 日诞生，而人类约在 12 月 31 日下午 7 时许出现在地球上。

微生物对人类最重要的影响之一是导致传染病的流行。在人类疾病中有 50% 是由病毒引起。世界卫生组织公布资料显示：传染病的发病率和病死率在所有疾病中占据第一位。微生物导致人类疾病的历史，也就是人类与之不断斗争的历史。在疾病的预防和治疗方面，人类取得了长足的进展，但是新现和再现的微生物感染还是不断发生，像大量的病毒性疾病一直缺乏有效的治疗药物。一些疾病的致病机制并不清楚。大量的广谱抗生素的滥用造成了强大的选择压力，使许多菌株发生变异，导致耐药性的产生，人类健康受到新的威胁。一些分节段的病毒之间可以通过重组或重配发生变异，最典型的例子就是流行性感冒病毒。每次流感大流行流感病毒都与前次导致感染的株型发生了变异，这种快速的变异给疫苗的设计和治疗造成了很大的障碍。而耐药性结核杆菌的出现，使原本已近控制住的结核感染又在世界范围内猖獗起来。

微生物千姿百态，有些是腐败性的，即引起食品气味和组织结构发生不良变化。当然有些微生物是有益的，它们可用来生产如奶酪、面包、泡菜、啤酒和葡萄酒。微生物非常小，必须通过显微镜放大约1000 倍才能看到。比如中等大小的细菌，1000 个叠加在一起只有句号那么大。想象一下 1 滴牛奶，每毫升腐败的牛奶中约有 5000 万个细

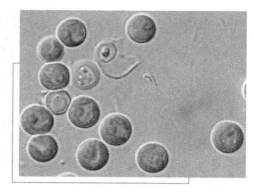

医用微生物

菌，或者讲每夸脱（1 夸脱 =1.1365 升）牛奶中细菌总数约为 50 亿，也就是 1 滴牛奶中可有含有 50 亿个细菌。

微生物能够致病，能够造成食品、布匹、皮革等发霉腐烂，但微生物也有有益的一面。最早是弗莱明从青霉菌抑制其他细菌的生长中发现了青霉素，这对医药界来讲是一个划时代的发现。后来大量的抗生素从放线菌等的代谢产物中筛选出来。抗生素的使用在第二次世界大战中挽救了无数人的生命。一些微生物被广泛应用于工业发酵，生产乙醇、食品及各种酶制剂等；一部分微生物能够降解塑料、处理废水废气等等，并且可再生资源的潜力极大，称为环保微生物；还有一些能在极端环境中生存的微生物，例如高温、低温、高盐、高碱以及高辐射等普通生命体不能生存的环境，依然存在着一部分微生物等等。看上去，我们发现的微生物已经很多，但实际上由于培养方式等技术手段的限制，人类现今发现的微生物还只占自然界中存在的微生物的很少一部分。

微生物间的相互作用机制也相当奥妙。例如健康人肠道中即有大量细菌存在，称正常菌群，其中包含的细菌种类高达上百种。在肠道环境中，这些细菌相互依存，互惠共生。食物、有毒物质甚至药物的分解与吸收，菌群在这些过程中发挥的作用，以及细菌之间的相互作用机制还不明了。一旦菌群失调，就会引起腹泻。

随着医学研究进入分子水平，人们对基因、遗传物质等专业术语也日渐熟悉。人们认识到，是遗传信息决定了生物体具有的生命特征，包括外部形态以及从事的生命活动等等，而生物体的基因组正是这些遗传信息的携带者。因此阐明生物体基因组携带的遗传信息，将大大有助于揭示生命的起源和奥秘。在分子水平上研究微生物病原体的变异规律、毒力和致病性，对于传统微生物学来说是一场革命。

以人类基因组计划为代表的生物体基因组研究成为整个生命科学研究的前沿，而微生物基因组研究又是其中的重要分支。世界权威性杂志《科学》曾将微生物基因组研究评为世界重大科学进展之一。通过基因组研究揭示微生物的遗传机制，发现重要的功能基因并在此基础上发展疫苗，开发新型抗病毒、抗细菌、抗真菌药物，将有效地控制新老传染病的流行，促进医疗健康事业的迅速发展和壮大！

从分子水平上对微生物进行基因组研究，为探索微生物个体以及群体间作用的奥秘提供了新的线索和思路。为了充分开发微生物（特别是细菌）资源，1994 年美国发起了微生物基因组研究计划（MGP）。通过研究完整的基因组信息开发和利用微生物重要的功能基因，不仅能够加深对微生物的致病机制、重要代谢和调控机制的认识，更能在此基础上发展一系列与我们的生活密切相关的基因工程产品，包括接种用的疫苗、治疗用的新药、诊断试剂和应用于工农业生产的各种酶制剂等等。通过基因工程方法的改造，促进新型菌株的构建和传统菌株的改造，全面促进微生物工业时代的来临。

工业微生物涉及食品、制药、冶金、采矿、石油、皮革、轻化工等多种行业。通过微生物发酵途径生产抗生素、丁醇、维生素 C 以及一些风味食品的制备等；某些特殊微生物酶参与皮革脱毛、冶金、采油采矿等生产过程，甚至直接作为洗衣粉等的添加剂；另外还有一些微生物的代谢产物可以作为天然的微生物杀虫剂广泛应用于农业生产。通过对枯草芽孢杆菌的基因组研究，发现了一系列与抗生素及重要工业用酶的产生相关的基因。乳酸杆菌作为一种重要的微生态调节剂参与食品发酵过程，对其进行的基因组学研究将有利于找到关键的功能基因，然后对菌株加以改造，使其更适于工业化的生产过程。国内维生素 C 两步发酵法生产过程中的关键菌株氧化葡萄糖酸杆菌的基因组研究，将在基因组测序完成的前提下找到与维生素 C 生产相关的重要代谢功能基因，经基因工程改造，实现新的工程菌株的构建，简化生产步骤，降低生产成本，继而实现经济效益的大幅度提升。对工业微生物开展的基因组研究，不断发现新的特殊酶基因及重要代谢过程和代谢产物生成相关的功能基因，并将其应用于生产以及传统工业、工艺的改造，同时推动现代生物技术的迅速发展。

据资料统计，全球每年因病害导致的农作物减产可高达 20%，其中植物的细菌性病害最为严重。除了培植在遗传上对病害有抗性的品种以及加强园艺管理外，似乎没有更好的病害防治策略。因此积极开展某些植物致病微生物的基因组研究，认清其致病机制并由此发展控制病害的新对策显得十分紧迫。

经济作物柑橘的致病菌是国际上第一个发表了全序列的植物致病微生物。还有一些在分类学、生理学和经济价值上非常重要的农业微生物，例如胡萝卜欧文菌、植物致病性假单胞菌以及中国正在开展的黄单胞菌的研究等正在进行之中。日前植物固氮根瘤菌的全序列也刚刚测定完成。借鉴已经较为成熟的从人类病原微生物的基因组学信息筛选治疗性药物的方案，可以尝试性地应用到植物病原体上。特别像柑橘的致病菌这种需要昆虫媒介才能完成生活周期的种类，除了杀虫剂能阻断其生活周期以外，只能通过遗传学研究找到毒力相关因子，寻找抗性靶位以发展更有效的控制对策。固氮菌全部遗传信息的解析，对于开发利用其固氮关键基因、提高农作物的产量和质量也具有重要的意义。

在全面推进经济发展的同时，滥用资源、破坏环境的现象也日益严重。面对全球环境的一再恶化，提倡环保成为全世界人民的共同呼声。而生物除污在环境污染治理中潜力巨大，微生物参与治理则是生物除污的主流。微生物可降解塑料、甲苯等有机物，还能处理工业废水中的磷酸盐、含硫废气以及土壤的改良等。微生物能够分解纤维素等物质，并促进资源的再生利用。对这些微生物开展的基因组研究，在深入了解特殊代谢过程的遗传背景的前提下，有选择性地加以利用。例如找到不同污染物降解的关键基因，将其在某一菌株中组合，构建高效能的基因工程菌株，一菌多用，可同时降解不同的环境污染物质，极大发挥其改善环境、排除污染的潜力。美国基因组研究所结合生物芯片方法对微生物进行了特殊条件下的表达谱的研究，以期找到其降解有机物的关键基因，为开发及利用确定目标。

在极端环境下能够生长的微生物称为极端微生物，又称嗜极菌。嗜极菌对极端环境具有很强的适应性，极端微生物基因组的研究有助于从分子水平研究极限条件下微生物的适应性，加深对生命本质的认识。

有一种嗜极菌，它能够暴露于数千倍强度的辐射下仍能存活，而人类1个剂量强度就会死亡。该细菌的染色体在接受几百万拉德 α 射线后粉碎为数百个片段，但能在 1 天内将其恢复。研究其 DNA 修复机制，对于发展在辐射污染区进行环境的生物治理非常有意义。开发利用嗜极菌的极限特性可以突破当前生物技术领域中的一些局限，建立新的技术手段，使环境、能源、农业、健康、轻化工等领域的生物技术能力发生革命。来自极端微生物的极端酶，可在极端环境下行使功能，将极大地拓展酶的应用空间，是建立高效率、低成本生物技术加工过程的基础，例如 PCR 技术中的 TagD-NA 聚合酶、洗涤剂中的碱性酶等都具有代表意义。极端微生物的研究与应用将是取得现代生物技术优势的重要途径，其在新酶、新药开发及环境整治方面应用潜力极大。

77

生物的多样性

　　生物多样性是指一定范围内多种多样活的有机体（动物、植物、微生物），有规律地结合所构成稳定的生态综合体。这种多样包括动物、植物、微生物的物种多样性，物种的遗传与变异的多样性及生态系统的多样性。其中，物种的多样性是生物多样性的关键，它既体现了生物之间及环境之间的复杂关系，又体现了生物资源的丰富性。我们目前已经知道大约有200万种生物，这些形形色色的生物物种就构成了生物物种的多样性。生物多样性是生物及其与环境形成的生态复合体以及与此相关的各种生态过程的总和，由遗传（基因）多样性，物种多样性和生态系统多样性等部分组成。遗传（基因）多样性是指生物体内决定性状的遗传因子及其组合的多样性。物种多样性是生物多样性在物种上的表现形式，可分为区域物种多样性和群落物种（生态）多样性。生态系统多样性是指生物圈内生境、生物群落和生态过程的多样性。遗传（基因）多样性和物种多样性是生物多样性研究的基础，生态系统多样性是生物多样性研究的重点。有人曾问根据对自然界的研究可以推断造物主的工作有何特点，据说英国科学家约翰·波顿·桑德森·霍尔丹回答："过于喜爱甲虫。"因为甲虫是地球上最大的动物群。美国史密森学会的特里·欧文推断，多数未知的甲虫种类可能生存于我们无法靠近的30米高的热带森林树冠层。

生物多样性的价值及其意义

　　生物多样性的意义主要体现在生物多样性的价值。对于人类来说，生物多样性具有直接使用价值、间接使用价值和潜在使用价值。①直接使用价值：生物为人类提供了食物、纤维、建筑和家具材料及其他工业原料。生物多样性还有美学价值，可以陶冶人们的情

生物的多样性

操，美化人们的生活。如果大千世界里没有色彩纷呈的植物和神态各异的动物，人们的旅游和休憩也就索然寡味了。正是雄伟秀丽的名山大川与五颜六色的花鸟鱼虫相配合，才构成令人赏心悦目、流连忘返的美景。另外，生物的多样性还能激发人们文学艺术创作的灵感。

国际生物多样性日

②间接使用价值：间接使用价值指生物多样性具有重要的生态功能。无论哪一种生态系统，野生生物都是其中不可缺少的组成成分。在生态系统中，野生生物之间具有相互依存和相互制约的关系，它们共同维系着生态系统的结构和功能。野生生物一旦减少了，生态系统的稳定性就要遭到破坏，人类的生存环境也就要受到影响。

③潜在使用价值：就药用来说，发展中国家人口的80%依赖植物或动物提供的传统药物，以保证基本的健康，西方医药中使用的药物有40%含有最初在野生植物中发现的物质。例如，据近期的调查，中医使用的植物药材达1万种以上。野生生物种类繁多，人类对它们已经做过比较充分研究的只是极少数，大量野生生物的使用价值目前还不清楚。但是可以肯定，这些野生生物具有巨大的潜在使用价值。一种野生生物一旦从地球上消失就无法再生，它的各种潜在使用价值也就不复存在了。因此，对于目前尚不清楚其潜在使用价值的野生生物，同样应当珍惜和保护。

生物多样性的三个层次

目前，大家公认的生物多样性的三个主要层次是物种多样性、基因多样性（或称遗传多样性）和生态系统多样性。这是组建生物多样性的三个基本层次。物种多样性常用物种丰富度来表示。所谓物种丰富度是指一定面积内种的总数目。到目前为止，已被描述和命名的生物种有200万种左右，但科学家对地球上实际存在的生物种的总数估计出入很大，由500万到1亿种。其中以昆虫和微生物所占的比例最大。基因多样性代表生物种群之内和种群之间的遗传结构的变异。每一个物种包括由若干个体组成的若干种群。各个种群由于突变、自然选择或其他原因，往往在遗传上不同。因

生物多样性的层次

此，某些种群具有在另一些种群中没有的基因突变（等位基因），或者在一个种群中很稀少的等位基因可能在另一个种群中出现很多。这些遗传差别使得有机体能在局部环境中的特定条件下更加成功地繁殖和适应。不仅同一个种的不同种群遗传特征有所不同，即存在种群之间的基因多样性；在同一个种群之内也有基因多样性——在一个种群中某些个体常常具有基因突变。这种种群之内的基因多样性就是进化材料。具有较高基因多样性的种群，可能有某些个体能忍受环境的不利改变，并把它们的基因传递给后代。环境的加速改变，使得基因多样性的保护在生物多样性保护中占据着十分重要的地位。基因多样性提供了栽培植物和家养动物的育种材料，使人们能够选育具有符合人们要求的性状的个体和种群。生态系统多样性既存在于生态系统之间，也存在于一个生态系统之内。在前一种情况下，在各地区不同背景中形成多样的生境，分布着不同的生态系统；在后一种情况下，一个生态系统其群落由不同的种组成，它们的结构关系（包括垂直和水平的空间结构，营养结构中的关系，如捕食者与被捕者、草食动物与植物、寄生物与寄主等）多样，执行的功能不同，因而在生态系统中的作用也不一样。总之，物种多样性是生物多样性最直观的体现，是生物多样性概念的中心；基因多样性是生物多样性的内在形式，一个物种就是一个独特的基因库，可以说每一个物种就是基因多样性的载体；生态系统的多样性是生物多样性的外在形式，保护生物的多样性，最有效的形式是保护生态系统的多样性。

人类的矿产资源

矿产资源开发，是人类与地球最亲密的接触。因为无论高山平原，无论海洋沙漠，都蕴藏着矿产资源；因为无论我们看得见的地表还是数千米的地下，都留下矿产资源开发的踪影。

在这样的过程中，人类渐渐认识了地球，同时也获取了发展所必需的各种各样的矿产资源，比如煤炭、石油、铜和铁。

矿产资源概述

矿产资源指经过地质成矿作用，使埋藏于地下或出露于地表，并具有开发利用价值的矿物或有用元素的含量达到具有工业利用价值的集合体。矿产资源是重要的自然资源，是社会生产发展的重要物质基础，现代社会人们的生产和生活都离不开矿产资源。矿产资源属于非可再生资源，其储量是有限的。目前世界已知的矿产有 1600 多种，其中 80 多种应用较广泛。

按其特点和用途，矿产资源通常分为金属矿产、非金属矿产和能源矿产三大类。

矿产资源是发展采掘工业的物质基础。其品种、分布、储量决定着采矿工业可能发展的部门、地区及规模；其质量、开采条件及地理

大自然的矿产资源

位置直接影响矿产资源的利用价值，采矿工业的建设投资、劳动生产率、生产成本及工艺路线等，并对以矿产资源为原料的初加工工业（如钢铁、有色金属、基本化工和建材等）以至整个重工业的发展和布局有重要影响。矿产资源的地域组合特点影响地区经济的发展方向与工业结构特点。矿产资源的利用与工业价值同生产力发展水平和技术经济条件有紧密联系，随地质勘探、采矿和加工技术的进步，对矿产资源利用的广度和深度不断扩大。

根据《矿产资源法实施细则》第2条规定，所谓矿产资源是指由地质作用形成的，具有利用价值的，呈固态、液态、气态的自然资源。

目前我国已发现矿种171个。可分为能源矿产（如煤、石油、地热）、金属矿产（如铁、锰、铜）、非金属矿产（如金刚石、石灰岩、黏土）和水气矿产（如地下水、矿泉水、二氧化碳气）四大类。

矿产资源保护的广泛含义：

（1）合理开发利用矿产资源，优化资源配置，实现矿产资源的最优耗竭；

（2）限制或禁止不合理的乱采滥挖，防止矿产资源的损失，浪费或破坏；

（3）对矿产资源的开发利用进行全过程控制，将环境代价减小到最低限度；

（4）保护矿区生态环境，防止矿山寿命终结时沦为荒芜不毛之地。

世界矿产资源分布

矿产资源一般分为能源矿产（或称燃料矿产）、非能源矿产资源两大类。能源矿产指石油、天然气、煤炭、铀等。非能源矿产资源又分为黑色金属矿产（或称铁、铁合金金属）资源，指铁、锰、铬等；有色金属矿产（或称非铁金属）资源，按物理、化学、价值和在地壳中的分布状况，有色金属分为五类，即重、轻、贵、半金属和稀有金属等。还有非金属矿产，其中又把钾盐、磷、硫等称为农用矿产资源。目前在世界广泛应用的矿产资源有80余种，其价值高、利用范围广、在国际市场与占有重要地位的非能源矿产有铁、铜、铝土、锌、铅、镍、锡、锰、金和磷酸盐等10种，分述如下。

铁

世界总资源量 8500 亿吨，探明储量 4000 亿吨，含铁量 930.8 亿吨。主要分布在巴西（占 17.5%）、俄罗斯（16.8%）、加拿大（11.7%）、澳大利亚（11.5%）、乌克兰（9.8%）、印度、中国、法国、南非、瑞典、英国等。其中富铁矿 1400 亿吨，以澳大利亚、巴西、俄罗斯、乌克兰、印度、瑞典、南非等居多。

铜

据国外统计，现铜储量为 6.41 亿吨（金属含量），70% 分布在 4 个不同的地质—地理区：①智利和秘鲁的斑岩铜矿区，是世界最大铜矿藏区，占世界总储量的 27%。②美国西部的斑铜矿区和砂页岩型铜矿，约占总储量的 20%。③赞比亚北部与扎伊尔毗邻处的砂页岩铜矿带，约占总储量的 15%，分布在长 55 千米、宽 65 千米的带状区，是世界储量最大、最著名的铜矿带。④俄罗斯、哈萨克斯坦各类铜矿占 10%。按国家分，智利居首位（20.9%），其次为美国、澳大利亚、俄罗斯、赞比亚、秘鲁、扎伊尔、加拿大、哈萨克斯坦等。近年波兰、菲律宾等国也有新的发现，并进入世界前列。

铝

世界铝土矿总储量 250 多亿吨。主要分布在几内亚、澳大利亚、巴西、牙买加、印度等国，五国合占总储量的 60%。中国、喀麦隆、苏里南、希腊、印度尼西亚、哥伦比亚等也有铝土矿。

铅锌

在自然界中多为铅锌复合矿床，其消费量仅次于铁、铝、铜，分居第 4（锌）和第 5（铅）位。已探明铅储量 1.5 亿吨，锌 1.15 亿吨。主要分布在美国、加拿大、澳大利亚、中国和哈萨克斯坦等国，合计约占铅储量的 70% 和锌储量的 60%。

锡

世界探明储量 1014 万吨。锡矿呈带状分布，太平洋地区是主要蕴藏区，主要分布在东南亚和东亚两大锡矿带。东南亚锡矿带北起缅甸的掸邦高原，沿缅泰边境向南经马来半岛西部，延伸到印度尼西亚的邦加岛和勿里洞岛。伴生有钨，故有"锡钨地带"之称。其储量占世界总储量的60%。东亚锡矿带：①西起中国云南个旧，向东沿南岭构造带延伸到广西；②南起朝鲜北部，经中国东北地区一直延伸到俄罗斯的西伯利亚；③从中国的海南岛起，沿中国东南沿海延伸到香港一带；④日本本州岛北部的小型锡钨矿，是中国大陆锡矿带的侧端。此外，南美洲安第斯锡矿带，非洲中部等地也有锡矿分布。以印尼、中国、泰国、马来西亚、玻利维亚等国储量较多。

锰

现世界已探明储量120亿吨，集中分布在南非（占45%）、乌克兰、澳大利亚、巴西、印度和中国等国。

镍

世界总储量1.1亿多吨，集中分布在新喀里多尼亚、古巴、加拿大、澳大利亚、俄罗斯和印尼等国。

金

属贵金属。世界总储量4.1万多吨，主要分布在南非（69%）、俄罗斯（约占10%）、美国（9%）、加拿大等国。

磷矿

世界总储量760多亿吨，商品级磷矿石的储量为155亿~164亿吨左右。多集中在摩洛哥（56.2%）、美国、俄罗斯和西撒哈拉等国和地区。

世界矿产资源现状

地球上的矿产资源

地球给我们人类提供了它所蕴藏着的种类繁多的矿产资源，人类正是依赖于这些大自然的赐予才能在地球上休养生息。

狭义而言，矿产资源是指开发自然界的矿藏所直接获得的产品，它专指有经济价值或工业价值的矿产和岩石，主要呈固态，少数呈液态和气态。从这个意义上说，矿产资源是指天然矿产，而不包括利用天然原料所生产出来的"人造矿产"。这些资源是元素在地壳运动过程中，由地质作用所形成的天然单质和化合物，它们具有相对固定的化学成分。其中，单质是由 1 种元素组成的，如自然金、自然银、金刚石、石墨等，这一类矿物在地壳里

资源面临枯竭

85

分布稀少；化合物是由 2 种或 2 种以上的元素组成，如石英、长石、黄铁矿、黄铜矿、黑钨矿等，这一类矿物在地壳里分布广泛。而岩石则是在一定的地质作用下由 1 种或多种矿物按一定比例或规律组成的天然矿物集合体，依其形成原因可以分为火成岩、沉积岩和变质岩三类。这就是说，矿物是由元素组成的，岩石是由矿物组成的，"元素组成矿物，矿物组成岩石"，这是地质学家对元素、矿物、岩石三者之间的密切关系的科学说明。

人们在日常生活中，经常可以听到铁矿、铜矿、金矿、银矿、石墨、大理石等说法，其实这都是一些矿种名称。当今世界上已发现的独立矿种达 200 种，从大的方面可以分为金属矿产、非金属矿产、能源和水资源四大类。

地球上一切矿产的形成和分布都有它自身的内在规律，既不是处处都有矿，更不是任何人随时随地都可以找到矿。矿产只生存在它自己的"家"里，即"矿藏"，开发矿业的人们找寻、勘探和开采的基本对象都是矿藏。

矿藏是在一定的自然环境或地质作用下形成的，它是可以开采利用的有用矿产堆积体或富集体。自然界中的元素及其化合物在漫长的地球历史进程中，是在不断地运动着的，其中表现突出的有分化作用和富集作用。如果某些元素及其化合物富集的程度超过它们在地壳里的平均含量，就可以说矿藏形成了。矿藏是多种多样的，它们的形成过程也是复杂的。

矿产资源的现状

矿产资源是人类进行现代化生产和提高生活水平的重要物质基础，随

着科学技术的发展，人类对各种矿产资源的需要量将不断增长。

自从第二次世界大战以来，全世界各种矿产资源的开采量和消费量平均每年以5%左右的速度增长，每隔15年就要翻一番。从20世纪60年代以来，矿产资源的消费量增长更快。据统计，1961～1980年的20年间，全世界共采出铁矿石150亿吨，采出煤炭600亿吨，分别占在此之前的100年中，人类从地壳内采出铁矿石和煤炭的50%和60%。

人类为了满足各种需求，在古代只需要18种化学元素，到17世纪增加到25种，19世纪为47种，至20世纪中期人类就需要80种元素了。如今，全世界每年要从地下采出各种矿产约几千亿吨。我们在绘制大多数金属资源的消费量与时间的关系曲线时，这个曲线差不多都成了直线，而且接近于垂直线。

由于全世界的地质勘探工作规模不断扩大，各国用于勘探的人力和物力不断增加，地质勘探的科研水平有了根本改变。所以，人类虽然已从地壳中采出了数量极大的矿产资源，但一些最重要的矿产资源的勘探储量都在不断增加。不过，在地球的一定深度内，矿产资源的埋藏量毕竟有限，而且全世界各地的分布状况又很不均衡，矿产资源的供需矛盾正日趋严重。

世界矿产资源的地理分布很不均衡，少数工业发达国家消费的矿产原料很多，但本国的资源却有限。例如，美国、日本、德国、英国和法国这5个工业发达国家，它们所需要的各种矿产原料约占全世界所需资源的80%，但没有一个能完全保证满足自己对矿产资源的需要。据统计，全世界已知矿藏储量的地理分布为：西方工业化国家占44%；东方国家占23%；第三世界国家占33%。

一般而言，美国的矿产资源还是比较丰富的，但美国的消费量很大。虽然它的人口只占世界总人口的6%左右，但所消耗的原料和能源却占世界总耗量的1/3，有许多重要原料需要依赖进口。

由于很多矿产资源的地理分布不均衡，尤其是一些重要有色金属资源集中在少数国家和地区，所以保证正常供应和贸易关系便成为各个国家极为关心的问题，也往往因此而引起国际局势动荡不定。许多国家对4类25种所谓的战略矿产品尤为关注，这就是贵金属（金、银、钯、铂）；铁和铁合金（铬、铁、锰、钼、镍、钒、钨）；非铁金属和稀有金属（铅、铝、铍、锗、镉、铜、镁、钽、钛、锌、锆）；核燃料（钍、铀）。这些金属对

86

于一个国家的经济和尖端技术发展，对一系列新兴工业如高分子合成工业、原子能、电子、宇航、激光工业以及国防建设，具有举足轻重的作用。

矿产资源取之不尽，用之不竭吗？

人类空前的繁荣，使许多头脑清醒者担忧：地球上的矿产资源究竟能维持多久？这种担忧并非杞人忧天，因为沉睡地下的约200种矿产，绝大多数都是采完了事、不可再生的"非再生资源"，尤其是不能原地再生，如金、银、铜、铁、锡、煤炭、石油、天然气等。

随着人口的剧增、生产的发展，出露地表或埋藏于地壳浅层的矿产资源已日益减少。因此，人们常说的"地大物博，矿产丰富"这句话是有时间性的，随着岁月推移，地质历史上形成的各种矿产资源也有开采尽的一天，至于这一天什么时候到来，要看矿产资源和社会发展的具体情况而定。例如日本，它早就是世界上矿产资源极为缺乏的国家之一，有些矿产早已成为缺门，其工业发展所需要的矿源大部分依赖进口。不过，这种进口也是有限度的，地球上不会存在永远的矿产资源出口国，因此依赖进口矿也不一定靠得住。

人们有时也以种种理由来论证自然界的矿产资源是"取之不尽，用之不竭"的。如有人说，随着科学技术的不断发展，会有新的矿产资源发现。的确，在人类历史长河中，新的矿种和矿产资源曾是陆续发现的，今后还会如此。但"新"的矿种或矿产资源也有变旧之时，更何况它们也是"非再生资源"。加之地球本身是一个早已形成的星球，虽然它时刻都在同其他天体进行物质交换，但它本身的基本物质组成却是固定不变的。无论是老矿种还是新矿种，只要它们是非再生资源，总有采完用尽之时。也有人说，自然界的成矿作用至今仍在进行，有许多新的矿藏正在形成。这种说法有一定道理，但一个矿藏的形成所需的时间是漫长的，少则几千年至几万年，多则十几万年至几十万年，这对当今人类文明事业的发展来说，恐怕是等不及的。特别应该注意的是，今天人类生产的发展对矿产资源消耗的速度已经大大超过自然界新矿形成和增加的速度，当地质历史上形成的矿产消耗殆尽之时，即使有新矿藏补充，恐怕也只是杯水车薪。

以下是地球上几种主要矿产资源可供人类使用的年限。

其中，"可用年限"为已查明蕴藏量与目前年消费量之比，"最终年限"

为运用未来的技术可探明的蕴藏量与目前年消费之比，"理论年限"为地壳中该资源理论上的总蕴藏量与目前年消费量之比。

矿产资源终究是有限的。当我们考虑开采矿产资源时，应该认真研究合理开发矿产，节约使用资源，提高资源利用率。做到了这一点，就有可能使有限的资源既满足当前生产发展的需要，又能保证今后人类发展的需要。

金属矿产资源

金属矿产资源是指经冶炼可以从中提取金属元素的矿物资源。根据工业用途及金属元素的性质，可以分

金属矿石

为：①黑色金属（或称铁合金金属）矿产，如铁、锰、铬、钛、钒等；②有色金属矿产，如铜、铅、锌、锡、铋、锑、汞、镍、钴、钨、钼等；③轻金属矿产，如铝、镁等；④贵金属矿产，如金、银、铂族金属（铂、钯、铑、铱、钌、锇）等；⑤放射性金属矿产，如铀、钍等；⑥稀有及分散元素矿产，如钽、铌、锂、锆、铯、铷、锶、铈族元素（轻稀土）、钇族元素（重稀土）、锗、镓、铟、铊、镉、铼、铪、钪、硒、碲等。

可从中提取某种供工业利用的金属元素或化合物的矿产。

根据金属元素的性质和用途将其分为：①黑色金属矿产，如铁矿和锰矿；②有色金属矿产，如铜矿和锌矿；③轻金属矿产，如铝镁矿；④贵金属矿产，如金矿和银矿；⑤放射性金属矿产，如铀矿和钍矿；⑥稀有金属矿产，如锂矿和铍矿；⑦稀土金属矿产；⑧分散金属矿产等。

中国金属矿产资源品种齐全，储量丰富，分布广泛。已探明储量的矿产有 54 种。其中：

铁矿资源已探明储量的矿区有 1834 处，总保有储量矿石 463 亿吨，居世界第五位；

锰矿资源有 213 处，总保有储量矿石 5.66 亿吨，居世界第三位；

铬矿资源比较贫乏，总保有储量矿石 1078 万吨；

钛矿资源中，钛铁矿的钛保有储量为 3.57 亿吨，居世界首位；

钒矿资源总保有储量为 2596 万吨，居世界第三位；

铜矿资源有 910 处，总保有储量为 6243 万吨，居世界第七位；

铅锌矿资源有 700 余处，保有铅储量 3572 万吨，锌储量 9384 万吨，居世界第四位；

铝土矿资源有 310 处，总保有储量 22.7 亿吨，居世界第七位；

镍矿资源较少，共有产地近 100 处，总保有储量 784 万吨，居世界第九位；

钴矿资源有 150 处，总保有储量 47 万吨；

钨矿资源有 252 处，总保有储量 2529 万吨，居世界第一位；

锡矿资源有 293 处，总保有储量 407 万吨，居世界第二位；

钼矿资源有 222 处，总保有储量 840 万吨，居世界第二位；

汞矿资源有 103 处，总保有储量 8.14 万吨，居世界第三位；

锑矿资源有 111 处，总保有储量 278 万吨，居世界第一位；

铂族金属矿产资源有 35 处，总保有储量 310 吨；

金矿资源有 1265 处，总保有储量 4265 吨，居世界第七位；

银矿资源有 569 处，总保有储量 11.65 万吨，居世界第六位；

锶矿资源有 13 处，总保有储量 3290 万吨，居世界第二位；

稀土资源有 60 余处，总保有储量约 9000 万吨，居世界第一位。

非金属矿产资源

中国非金属矿产资源丰富，品种众多，分布广泛，已探明储量的非金属矿产有 88 种。

非金属矿产主要品种

为金刚石、石墨、自然硫、硫铁矿、水晶、刚玉、蓝晶石、夕线石、红柱石、硅灰石、钠硝石、滑石、石棉、蓝石棉、云母、长石、石榴子石、叶蜡石、透辉石、透闪石、蛭石、沸石、明矾石、芒硝、石膏、重晶石、毒重石、天然碱、方解石、冰洲石、菱镁矿、萤石、宝石、玉石、玛瑙、石灰岩、白垩、白云岩、石英岩、砂岩、天然石英砂、脉石英、硅藻土、页岩、高岭土、陶瓷土、耐火黏土、凹凸棒石、海泡石、伊利石、累托石、膨润土、辉长岩、大理岩、花岗岩、盐矿、钾盐、镁盐、碘、溴、砷、硼矿、磷矿等。

非金属矿产的应用

广泛应用于石油、化工、冶金、建筑、机械、农业、环保、医药等行

非金属矿产

业，并越来越多地被用于国防、航天、光纤通信等高科技领域。它在国民经济中所占的比重越来越大，产值的增长速度已超过了金属矿产，其开发利用水平已成为衡量一个国家科学技术发展水平和人民生活水平的重要标志之一。

中国已发现的非金属矿产种类95种，加上亚类共计176种。依据工业用途可分为：①冶金辅助原料矿产资源，如耐火黏土、菱镁矿、萤石等；②化工及化肥原料非金属矿产资源，如硫、磷、钾盐、硼、天然碱等；③特种非金属矿产资源，如压电水晶、冰洲石、光学萤石等；④建筑材料及其他非金属矿产资源，如水泥原料、陶瓷原料、饰面石材、石棉、滑石、宝石、玉石等。

中国的非金属矿产资源丰歉不一，硫、钾盐、硼等矿产资源，虽有一定数量，但不能满足需要，而菱镁矿、芒硝、钠盐、水泥原料等矿产资源非常丰富。

我国非金属矿产的主要分布

（1）硫矿：探明矿区760多处，总保有储量折合硫14.93亿吨，居世界第二位。硫铁矿主要有辽宁省清原，内蒙古自治区东升庙、甲生盘、炭窑口，河南省焦作，山西省阳泉；安徽省庐江、马鞍山、铜陵，江苏省梅山，浙江省衢县，江西省城门山、武山、德兴、水平、宁都，广东省大宝山、

凡口、红岩、大降坪、阳春，广西壮族自治区凤山、环江，四川省叙永兴文、古蔺，云南省富源等矿区。自然硫主要为山东省大汉口矿床。

（2）磷矿：探明矿床 412 处，总保有储量矿石 152 亿吨，居世界第二位，主要有云南省晋宁（昆阳）、昆明（海口）、会泽，湖北荆襄、宜昌、保康、大悟，贵州省开阳、瓮安，四川省什邡，湖南省浏阳，河北省矾山，江苏省新浦和锦屏等磷矿区（矿床）。

（3）钾盐：钾盐矿资源有 28 处，总保有储量 4.56 亿吨。主要分布在青海省察尔汗、大浪滩、东台吉乃尔、西台吉乃尔等盐湖，以及云南省勐野井钾盐矿中。

（4）盐类和芒硝：盐矿资源有 150 处，总保有储量 4075 亿吨；芒硝矿资源有 100 余处，总保有储量 105 亿吨，居世界首位。主要分布在青海省（察尔汗等）、新疆维吾尔自治区（七角井等）、湖北省（应城等）、江西省（樟树等）、江苏省（淮安）、山西省（运城）、内蒙古自治区（吉兰泰）等地区。

（5）硼矿：探明矿区 63 处，总保有储量 4670 万吨，居世界第五位。主要有吉林省集安，辽宁省营口五〇一、宽甸、二人沟，西藏自治区扎布耶茶卡、榜于茶卡、茶拉卡等矿床。重晶石：探明矿区 103 处，总保有储量矿石 3.6 亿吨，居世界首位。主要有贵州省天柱、湖南省贡溪、湖北省柳林、广西壮族自治区象州、甘肃省黑风沟、陕西省水坪等矿床。

（6）石墨：金刚石矿资源有 23 处，总保有储量金刚石矿物 4179 千克；石墨矿探明矿区 91 处，总保有储量矿物 1.73 亿吨，居世界首位。主要有黑龙江省鸡西（柳毛）、勃利（佛岭）、穆棱（光义）、萝北，吉林省磐石，内蒙古自治区兴和，湖南省鲁塘，山东省南墅，陕西省银洞沟、铜峪等石墨矿床。

（7）石膏：石膏矿探明矿区 169 处，总保有储量矿石 576 亿吨。主要有山东省大汉口、内蒙古自治区鄂托克旗、湖北省应城、山西省太原、宁夏回族自治区中卫、甘肃省天祝、湖南省邵东、吉林省浑江、四川省峨边等矿床。

（8）石棉：石棉矿探明矿区 45 处，总保有储量矿物 9061 万吨，居世界第三位。主要有四川省石棉，青海省芒崖，新疆维吾尔自治区若羌、且末等矿床。

（9）滑石：滑石矿探明矿区 43 处，总保有储量矿石 2.47 亿吨，居世界第三位。主要有辽宁省海城、本溪、恒仁，山东省栖霞、平度、掖县，江西省广丰、于都，广西壮族自治区龙胜等矿床。

（10）云母：云母矿探明矿区 169 处，总保有储量云母 6.31 万吨。主要分布在新疆维吾尔自治区、内蒙古自治区和四川等省（区）。

（11）硅灰石：探明矿区31处，总保有储量矿石1.32亿吨，居世界首位。主要有吉林省磐石、梨树，辽宁省法库、建平，青海省大通，江西省新余，浙江省长兴等矿床。

（12）高岭土：高岭土矿探明矿区208处，总保有储量矿石14.3亿吨，居世界第七位。主要有广东省茂名、湛江、惠阳，河北省徐水，广西壮族自治区合浦，湖南省衡山、泊罗、醴陵；江西省贵溪、景德镇，江苏省吴县等矿床。

（13）膨润土：探明矿区86处，总保有储量矿石24.6亿吨，居世界首位。主要有广西壮族自治区宁明，辽宁省黑山、建平，河北省宣化、隆化，吉林省公主岭，内蒙古自治区乌拉特前旗、兴和，甘肃省金昌，新疆和布克赛尔、托克逊，浙江省余杭，山东省潍县等矿床。

（14）硅藻土：探明矿区354处，总保有储量矿石3.85亿吨，居世界第二位。主要有吉林省长白，云南省寻甸、腾冲，浙江省嵊州等矿床。

（15）宝玉石：主要有辽宁省瓦房店，山东省昌乐，湖南省沅陵、常德等矿床。

（16）玻璃硅质原料：探明189个矿区，总保有储量38亿吨。主要分布在青海、海南、河北、内蒙古、辽宁、河南、福建、广西等省（区）。花岗石矿资源有180余处，总保有储量矿石17亿立方米。大理石矿有123处，总保有储量矿石10亿立方米。

（17）水泥灰岩：资源有1124处，总保有储量矿石489亿吨。主要分布在陕西、安徽、广西、四川、山东等省（区）。

（18）菱镁矿：探明矿产地27处，总保有储量矿石30亿吨，居世界第一位。主要分布在辽宁省海城、山东省披县、西藏自治区巴下等地。

（19）萤石矿：探明矿产地230处，总保有储量1.08亿吨，居世界第三位。主要有浙江省武义、遂昌、龙泉，福建省建阳、将乐、邵武，安徽省郎溪、旌德，河南省信阳，内蒙古自治区四子王旗、额济纳旗，甘肃省高台、永昌等地。

（20）耐火黏土：探明矿产地327处，总保有储量石21亿吨。主要分布在山西、河北、山东、河南、四川、黑龙江、内蒙古等省（区）。

能 源 矿 产

能源矿产又称燃料矿产、矿物能源，是矿产资源中的一类，赋存于地表或者地下的，由地质作用形成的，呈固态、气态和液态的，具有提供现实意义或潜在意义能源价值的天然富集物。

中国已发现的能源矿产资源有 11 种，固态的有煤、石煤、油页岩、铀、钍、油砂、天然沥青；液态的有石油；气态的有天然气、煤层气。地热资源有呈液态、气态的。中国国民经济生活中 92% 的一次能源取自矿物能源。石油、天然气和煤等能源矿产资源，又是工业的重要原料。能源矿产中人类通常使用且历史较为长久的是煤、石油、天然气和油页岩，新开发的有煤层气、油砂、天然沥青等一次能源。20 世纪以来，随着科技进步和资源开发利用水平的提高，又开发出了核能和地热矿产资源作为能源，这些矿产资源包括铀、钍、地热。中国利用核能从 20 世纪 80 年代开始，地热的利用从 20 世纪 60 年代开始。煤在中国一次能源消费结构中占绝对优势。随着石油、天然气、核能在一次能源结构中比重的逐渐加大，煤在能源消费结构中的比重有所降低。

能源矿产是中国矿产资源的重要组成部分。煤、石油、天然气在世界和中国的一次性能源消费构成中，分别占 93% 和 95% 左右。中国能源矿产资源种类齐全、资源丰富，分布广泛。已知探明储量的能源矿产有煤、石油、天然气、油页岩、石煤、铀、钍、地热等 8 种。其中，煤炭资源有 5345 处，保有储量总量 10025 亿吨，居世界第三位；石油资源有油区 32 个，探明地质储量有 181.4 亿吨，剩余探明可采储量 22.41 亿吨，居世界第 11 位；天然气资源量约 70 万亿立方米，剩余可采储量 0.7060 万亿立方米，居世界第 21 位；铀矿资源较少，探明储量居世界第 10 位之后；地热资源分布较广，在距地表 2000 米以上的浅范围内，约有相当于 13711 亿吨标准煤的能量；油页岩资源有 64 处，总保有储量 315 亿吨；石煤资源有 93 处，总保有储量 42.56 亿吨。

人类的新材料

当前，国际上公认的高技术领域，包括生物技术、航天技术、信息技术、新能源技术、新材料技术和海洋技术等，而新材料技术被誉为"高技术的基础"。

什么是新材料

新材料是指新近发展的或正在研发的、性能超群的一些材料，具有比传统材料更为优异的性能。新材料技术则是按照人的意志，通过物理研究、材料设计、材料加工、试验评价等一系列研究过程，创造出能满足各种需要的新型材料的技术。

随着科学技术发展，人们在传统材料的基础上，根据现代科技的研究成果，开发出新材料。新材料按组成分，有金属材料、无机非金属材料（如陶瓷、砷化镓半导体等）、有机高分子材料、先进复合材料四大类。按材料性能分，有结构材料和功能材料。结构材料主要是利用材料的力学和理化性能，以满足高强度、高刚度、高硬度、耐高温、耐磨、耐蚀、抗辐照等性能要求；功能材料主要是利用材料具有的电、

新材料技术领域的开发

磁、声、光热等效应，以实现某种功能，如半导体材料、磁性材料、光敏材料、热敏材料、隐身材料和制造原子弹、氢弹的核材料等。

新材料在国防建设上作用重大。例如，超纯硅、砷化镓研制成功，导致大规模和超大规模集成电路的诞生，使计算机运算速度从每秒几十万次提高到现在的每秒上千亿次以上；航空发动机材料的工作温度每提高100℃，推力可增大24%；隐身材料能吸收电磁波或降低武器装备的红外辐射，使敌方探测系统难以发现，等等。

21世纪科技发展的主要方向之一是新材料的研制和应用。新材料的研究，是人类对物质性质认识和应用向更深层次的进军。

新材料与传统材料的区别是什么

材料及新材料从定义上的区别

材料是可以用来直接制造有用物件，构件或器件的物质。其形态可以是固体、液体、气体。

新材料是指新出现的或正在发展中的，具有传统材料所不具备的优异性能和特殊功能的材料；或采用新技术（工艺，装备），使传统材料性能有明显提高或产生新功能的材料；一般认为满足高技术产业发展需要的一些关键材料也属于新材料的范畴。

关于材料及新材料产业

"材料产业"主要包括：①纺织业；②石油加工及炼焦业；③化学原料及化学制品制造业；④化学纤维制造业；⑤橡胶制品业；⑥塑料制品业；⑦非金属矿物制品业；⑧黑色金属冶炼及压延加工业；⑨有色金属冶炼及压延加工业；⑩金属制品业；⑪医用材料及医疗制品业；⑫电工器材及电子元器件制造业等。

"新材料产业"包括新材料及其相关产品和技术装备。具体涵盖新材料本身形成的产业；新材料技术及其装备制造业；传统材料技术提升的产业等。与传统材料相比，新材料产业具有技术高度密集，研究与开发投入高，产品的附加值高，生产与市场的国际性强，以及应用范围广、发展前景好等特点，其研发水平及产业化规模已成为衡量一个国家经济、社会发展、科技进步和国防实力的重要标志，世界各国（特别是发达国家）都十分重视新材料产业的发展。

最广泛的金属材料——黑色金属

金属是具有光泽、有良好的导电性、导热性与机械性能，并具有正的温度电阻系数的物质。金属是个大家庭，现在世界上有 86 种金属。通常人们把金属分成两大类，黑色金属和有色金属。根据金属的颜色和性质等特征，将金属分为黑色金属和有色金属。黑色金属主要指铁、锰、铬及其合金，如钢、生铁、铁合金、铸铁等。黑色金属以外的金属称为有色金属。

黑色金属和有色金属这名字，常常使人误会，以为黑色金属一定是黑的，其实不然。黑色金属只有 3 种：铁、锰与铬。而它们三个都不是黑色的！纯铁是银白色的；锰是银白色的；铬是灰白色的。因为铁的表面常常生锈，盖着一层黑色的四氧化三铁与棕褐色的三氧化二铁的混合物，看去就是黑色

双白线反光黑色金属环腰带

的。怪不得人们称之为"黑色金属"。常说的"黑色冶金工业"，主要是指钢铁工业。因为最常见的合金钢是锰钢与铬钢，这样，人们把锰与铬也算成是"黑色金属"了。

除了铁、锰、铬以外，其他的金属都算是有色金属。

冶金工业上习惯把铁、铬、锰以及它们的合金（主要指合金钢及钢铁）叫做黑色金属。之所以把它们叫做黑色金属，是因为钢铁表面常覆盖一层黑色的四氧化三铁，而锰和铬又主要应用于冶炼合金钢，所以人们把铁、铬、锰以及它们的合金叫做黑色金属。另外，人们专门把这三种金属及其

合金归成一类，而把其余所有的金属及合金归成有色金属，这是因为钢铁在国民经济中占有极其重要的地位，是衡量一个国家国力的重要标志之一；它的产量约占世界上金属总产量的95%。铬是所有金属中最硬的，又是难腐蚀的金属。人们常把铬掺进钢里，制成又硬又耐腐蚀的铬钢。铬钢是建造机械、枪炮筒、坦克和装甲车等的好材料。在炼钢时掺入12%以上的铬，再掺进一定量的镍，可以炼成不锈钢。铬还是电镀时的必用金属。在炼钢时掺入约13%的锰，可炼出坚硬、强韧的锰钢。人们用锰钢制造钢磨、滚珠轴承、推土机与掘土机的铲斗等易磨损部件。高锰钢还用来制造钢盔、坦克钢甲和穿甲弹的弹头等。

为生活增光添色的有色金属

广义的有色金属还包括有色合金。有色合金是以一种有色金属为基体（通常大于50%），加入1种或几种其他元素而构成的合金。

有色金属是指铁、铬、锰3种金属以外所有的金属。中国在1958年，将铁、铬、锰列入黑色金属，并将铁、铬、锰以外的64种金属列入有色金属。这64种有色金属包括：铝、镁、钾、钠、钙、锶、钡、铜、铅、锌、锡、钴、镍、锑、汞、镉、铋、金、银、铂、钌、铑、钯、锇、铱、铍、锂、铷、铯、钛、锆、铪、钒、铌、钽、钨、钼、镓、铟、铊、锗、铼、镧、铈、镨、钕、钐、铕、钆、铽、镝、钬、铒、铥、镱、镥、钪、钇、硅、硼、硒、碲、砷、铕。

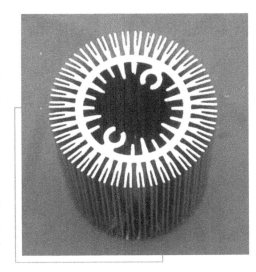

有色金属

在历史上，生产工具所用的材料不断改进，它与人类社会发展的关系十分密切。因此历史学家曾用器物的材质来标志历史时期，如石器时代、青铜器时代、铁器时代等。到17世纪末被人类明确认识和应用的有色金属共8种。中华民族在这些有色金属的发现和生产方面有过重大的贡献。进入18世纪后，科学技术的迅速发展，促进了许多新的有色金属元素的发现。上述的64种有色金属除在17世纪前已被认识应用的8种外，在18世纪共发现13种，19世纪发现39种，在20世纪又发现4种。

有色合金的强度和硬度一般比纯金属高，电阻比纯金属大、电阻温度系数小，具有良好的综合机械性能。常用的有色合金有铝合金、铜合金、镁合金、镍合金、锡合金、钽合金、钛合金、锌合金、钼合金、锆合金等。

有色金属表面积也是非常重要的，比表面积测试有专用的比表面积测试仪，国外采用的一般是静态氮吸附法，国内比较成熟的动态氮吸附法，而现有国产仪器中大多数还只能进行直接对比法的，北京汇海宏纳米科技有限公司的3H－2000型比表面积测试仪是真正能够实现BET法检测功能的仪器（兼备直接对比法），更重要的北京汇海宏纳米科技有限公司的3H－2000型表面积测试仪是迄今为止国内唯一完全自动化智能化的比表面积检测设备，其测试结果与国际一致性很高，稳定性也很好，同时减少人为误差，提高测试结果精确性。

有色金属中的铜是人类最早使用的金属材料之一。现代，有色金属及其合金已成为机械制造业、建筑业、电子工业、航空航天、核能利用等领域不可缺少的结构材料和功能材料。

实际应用中，通常将有色金属分为5类：

（1）轻金属

密度小于4500千克/立方米，如铝、镁、钾、钠、钙、锶、钡等。

（2）重金属

密度大于4500千克/立方米，如铜、镍、钴、铅、锌、锡、锑、铋、镉、汞等。

重金属图片

（3）贵金属

价格比一般常用金属昂贵，地壳丰度低，提纯困难，如金、银及铂族金属。

（4）半金属

性质价于金属和非金属之间，如硅、硒、碲、砷、硼等。

（5）稀有金属

包括稀有轻金属，如锂、铷、铯等；稀有难熔金属，如钛、锆、钼、钨等；稀有分散金属，如镓、铟、锗、铊等；稀土金属，如钪、钇、镧系金属；放射性金属，如镭、钫、钋及阿系元素中的铀、钍等。

前途无量的合金家族

如今社会的生产生活中，都会时不时提到"某某合金"之类的话，这好像已经成了一种很常用的材料了。但是什么是合金呢？

由2种或2种以上的金属或金属与非金属经一定方法所合成的具有金属特性的物质。一般通过熔合成均匀液体和凝固而得。根据组成元素的数目，可分为二元合金、三元合金和多元合金。中国是世界上最早研究和生产合金的国家之一，在商朝（距今3000多年前）青铜（铜锡合金）工艺就已非常发达；公元前6世纪左右（春秋晚期）已锻打（还进行过热处理）出锋利的剑（钢制品）。

根据结构的不同，合金主要类型是：

（1）混合物合金（共熔混合物），当液态合金凝固时，构成合金的各组分分别结晶而成的合金，如焊锡、铋镉合金等；

（2）固熔体合金，当液态合金凝固时形成固溶体的合金，如金银合金等；

（3）金属互化物合金，各组分

合金已经融入我们的生活

相互形成化合物的合金，如铜、锌组成的黄铜（β－黄铜、γ－黄铜和ε－黄铜）等。

合金的许多性能优于纯金属，故在应用材料中大多使用合金。

各类型合金都有以下通性：

（1）多数合金熔点低于其组分中任一种组成金属的熔点。

（2）硬度比其组分中任何一种金属的硬度都大。

（3）合金的导电性和导热性低于任一组分金属。利用合金的这一特性，可以制造高电阻和高热阻材料。还可制造有特殊性能的材料，如在铁中掺入 15% 铬和 9% 镍得到一种耐腐蚀的不锈钢，适用于化学工业。

（4）有的抗腐蚀能力强（如不锈钢）。

钢铁

钢铁是铁与碳、硅、锰、磷、硫以及少量的其他元素所组成的合金。其中除铁外，碳的含量对钢铁的机械性能起着主要作用，故统称为铁碳合金。它是工程技术中最重要、用量最大的金属材料。

按含碳量不同，铁碳合金分为钢、生铁两大类。

钢是含碳量为 0.03% ~ 2% 的铁碳合金。碳钢是最常用的普通钢，冶炼方便、加工容易、价格低廉，而且在多数情况下能满足使用要求，所以应用十分普遍。按含碳量不同，碳钢又分为低碳钢、中碳钢和高碳钢。随含碳量升高，碳钢的硬度增加、韧

日常生活中的钢铁

性下降。合金钢又叫特种钢，在碳钢的基础上加入 1 种或多种合金元素，使钢的组织结构和性能发生变化，从而具有一些特殊性能，如高硬度、高耐磨性、高韧性、耐腐蚀性，等等。经常加入钢中的合金元素有硅、钨、锰、铬等。我国合金钢的资源相当丰富，除铬不足，锰品位较低外，钨和稀土金属储量都很高。21 世纪初，合金钢在钢的总产量中的比例将有大幅度

增长。

含碳量2% ~ 4.3%的铁碳合金称生铁。生铁硬而脆，但耐压耐磨。根据生铁中碳存在的形态不同又可分为白口铁、灰口铁和球墨铸铁。白口铁中碳以铁3C形态分布，断口呈银白色，质硬而脆，不能进行机械加工，是炼钢的原料，故又称炼钢生铁。碳以片状石墨形态分布的称灰口铁，断口呈银灰色，易切削，易铸，耐磨。若碳以球状石墨分布则称球墨铸铁，其机械性能、加工性能接近于钢。在铸铁中加入特种合金元素可得特种铸铁，如加入铬，耐磨性可大幅度提高，在特种条件下有十分重要的应用。

铝合金

铝是分布较广的元素，在地壳中含量仅次于氧和硅，是金属中含量最高的。纯铝密度较低，为2.7克/立方厘米，有良好的导热、导电性，延展性好、塑性高，可进行各种机械加工。铝的化学性质活泼，在空气中迅速氧化形成一层致密、牢固的氧化膜，因而具有良好的耐蚀性。但纯铝的强度低，只有通过合金化才能得到可作结构材料使用的各种铝合金。

铝合金的突出特点是密度小、强度高。铝中加入锰、镁形成的合金具有很好的耐蚀性，良好的塑性和较高的强度，称为防锈铝合金，用于制造油箱、容器、管道、铆钉等。硬铝合金的强度较防锈铝合金高，但防蚀性能有所下降，这类合金有铝－铜－镁系和铝－铜－镁－锌系。新近开发的高强度硬铝，强度进一步提高，而密度比普通硬铝减小15%，且能挤压成型，可用作摩托车骨架和轮圈等构件。铝—锂合金可制作飞机零件和承受载重的高级运动器材。

目前高强度铝合金广泛应用于制造飞机、舰艇和载重汽车等，可增加它们的载重量以及提高运行速度，并具有抗海水侵蚀、避磁性等特点。

铝合金图片

铜合金

纯铜呈紫红色，故又称

紫铜，有极好的导热、导电性，其导电性仅次于银而居金属的第二位。铜具有优良的化学稳定性和耐蚀性能，是优良的电工用金属材料。

工业中广泛使用的铜合金有黄铜、青铜和白铜等。

铜与锌的合金称黄铜，其中铜占 60% ~ 90%、锌占 40% ~ 10%，有优良的导热性和耐腐蚀性，可用作各种仪器零件。再如在黄铜中加入少量锡，称为海军黄铜，具有很好的抗海水腐蚀的能力。在黄铜中加入少量的有润滑作用的铅，可用作滑动轴承材料。

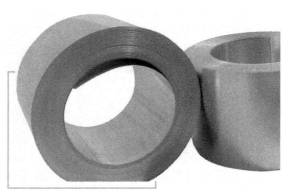

铜合金

青铜是人类使用历史最久的金属材料，它是铜、锡合金。锡的加入明显地提高了铜的强度，并使其塑性得到改善，抗腐蚀性增强，因此锡青铜常用于制造齿轮等耐磨零部件和耐蚀配件。锡较贵，目前已大量用铝、硅、锰来代替锡而得到一系列青铜合金。铝青铜的耐蚀性比锡青铜还好。铍青铜是强度最高的铜合金，它无磁性又有优异的抗腐蚀性能，是可与钢相竞争的弹簧材料。

白铜是铜 – 镍合金，有优异的耐蚀性和高的电阻，故可用作苛刻腐蚀条件下工作的零部件和电阻器的材料。

锌合金

以锌为基加入其他元素组成的合金。常加的合金元素有铝、铜、镁、镉、铅、钛等。锌合金熔点低，流动性好，易熔焊，钎焊和塑性加工，在大气中耐腐蚀，残废料便于回收和重熔；但蠕变强度低，易发生自然时效引起尺寸变化。熔融法制备，压铸或压力加工成材。按制造工艺可分为铸造锌合金和变形锌合金。

锌合金的主要添加元素有铝、铜和镁等。锌合金按加工工艺可分为形变与铸造锌合金两类。铸造锌合金流动性和耐腐蚀性较好，适用于压铸仪表、汽车零件外壳等。

锌合金的特点：

（1）比重大。

（2）铸造性能好，可以压铸形状复杂、薄壁的精密件，铸件表面光滑。

（3）可进行表面处理：电镀、喷涂、喷漆。

（4）熔化与压铸时不吸铁，不腐蚀压型，不黏模。

（5）有很好的常温机械性能和耐磨性。

（6）熔点低，在385℃

锌合金的加工

熔化，容易压铸成型。

铅锡合金

铅锡合金按用途分为：

（1）铅基或锡基轴承合金。与铅基轴承合金统称为巴氏合金。含锑3%～15%，铜3%～10%，有的合金品种还含有10%的铅。锑、铜用以提高合金的强度和硬度。其摩擦系数小，有良好的韧性、导热性和耐蚀性，主要用以制造滑动轴承。

（2）铅锡焊料。以锡铅合金为主，有的锡焊料还含少量的锑。含铅38.1%的锡合金俗称焊锡，熔点约183℃，用于电器仪表工业中元件的焊接，以及汽车散热器、热交换器、食品和饮料容器的密封等。

（3）铅锡合金涂层。利用锡合金的抗蚀性能，将其涂敷于各种电气元件表面，既具有保护性，又具有装饰性。常用的有锡铅系、锡镍系涂层等。

铅锡合金

（4）铅锡合金（包括铅锡合金，无铅锡合金）可以用来生产制作各种精美合金饰品、合金工艺品，如戒指、项链、手镯、耳环、胸针、纽扣、领带夹、帽饰、工艺摆饰、合金相框、宗教徽志、微型塑像、纪念品等。

铅锡合金（用作合金饰品、合金工艺品材料）的特点：

①铅锡合金性能稳定，熔点低，流动性好，收缩性小。

②铅锡合金晶粒幼细，韧性良好，软硬适宜，表面光滑，无砂洞，无疵点，无裂纹，磨光及电镀效果好。

③铅锡合金离心铸造性能好，韧性强，可以铸造形状复杂、薄壁的精密件，铸件表面光滑。

④铅锡合金产品可进行表面处理：电镀、喷涂、喷漆。

⑤铅锡合金晶体结构致密，在原料方面确保铸件尺寸公差小，表面精美，后处理瑕疵少。

特种合金

目前工业上应用的合金种类数以千计，现只简要地介绍其中几大类。

（1）耐蚀合金：属材料在腐蚀性介质中所具有的抵抗介质侵蚀的能力，称金属的耐蚀性。纯金属中耐蚀性高的通常具备下述 3 个条件之一：

①热力学稳定性高的金属。通常可用其标准电极电势来判断，其数值较正者稳定性较高；较负者则稳定性较低。耐蚀性好的贵金属，如铂、金、银、铜等就属于这一类。

②易于钝化的金属。不少金属可在氧化性介质中形成具有保护作用的致密氧化膜，这种现象称为钝化。金属中最容易钝化的是钽、铌、铬和铝等。

③表面能生成难溶的和保护性能良好的腐蚀产物膜的金属。这种情况只有在金属处于特定的腐蚀介质中才出现，例如，铅和铝在 H_2SO_4 溶液中，铁在 H_3PO_4 溶液中，钼在盐酸中以及锌在大气中等。

因此，工业上根据上述原理，采用合金化方法获得一系列耐蚀合金，一般有相应的三种方法：

①提高金属或合金的热力学稳定性，即向原不耐蚀的金属或合金中加入热力学稳定性高的合金元素，使形成固溶体以及提高合金的电极电势，增强其耐蚀性。例如在铜中加金，在镍中加入铜、铬等，即属此类。不过

这种大量加入贵金属的办法，在工业结构材料中的应用是有限的。

②加入易钝化合金元素，如铬、镍、钼等，可提高基体金属的耐蚀性。在钢中加入适量的铬，即可制得铬系不锈钢。实验证明，在不锈钢中，含铬量一般应大于13%时才能起抗蚀作用，铬含量越高，其耐蚀性越好。这类不锈钢在氧化介质中有很好的抗蚀性，但在非氧化性介质如稀硫酸和盐酸中，耐蚀性较差。这是因为非氧化性酸不易使合金生成氧化膜，同时对氧化膜还有溶解作用。

③加入能促使合金表面生成致密的腐蚀产物保护膜的合金元素，是制取耐蚀合金的又一途径。例如，钢能耐大气腐蚀是由于其表面形成结构致密的化合物羟基氧化铁，它能起保护作用。钢中加入铜与磷或磷与铬均可促进这种保护膜的生成，由此可用铜、磷或磷、铬制成耐大气腐蚀的低合金钢。

金属腐蚀是工业上危害最大的自发过程，因此耐蚀合金的开发与应用，有重大的社会意义和经济价值。

（2）耐热合金又称高温合金：耐热合金合金又称高温合金，它对于在高温条件下的工业部门和应用技术领域有着重大的意义。

一般说，金属材料的熔点越高，其可使用的温度限度越高。这是因为随着温度的升高，金属材料的机械性能显著下降，氧化腐蚀的趋势相应增大，因此，一般的金属材料都只能在500℃～600℃下长期工作。能在高于700℃的高温下工作的金属通称耐热合金。"耐热"是指其在高温下能保持足够强度和良好的抗氧化性。

提高钢铁抗氧化性的途径有两条：

①在钢中加入铬、硅、铝等合金元素，或者在钢的表面进行铬、硅、铝合金化处理。它们在氧化性气氛中可很快生成一层致密的氧化膜，并牢固地附在钢的表面，从而有效地阻止氧化的继续进行。

②用各种方法在钢铁表面形成高熔点的氧化物、碳化物、氮化物等耐高温涂层。

提高钢铁高温强度的方法很多，从结构、性质的化学观点看，大致有2种主要方法：

①增加钢中原子间在高温下的结合力。研究指出，金属中结合力，即金属键强度大小，主要与原子中未成对的电子数有关。从周期表中看，ⅥB

105

元素金属键在同一周期内最强。因此，在钢中加入铬、钼、钨等原子的效果最佳。

②加入能形成各种碳化物或金属间化合物的元素，以使钢基体强化。由若干过渡金属与碳原子生成的碳化物属于间隙化合物，它们在金属键的基础上，又增加了共价键的成分，因此硬度极大，熔点很高。

利用合金方法，除铁基耐热合金外，还可制得镍基、钼基、铌基和钨基耐热合金，它们在高温下具有良好的机械性能和化学稳定性。其中镍基合金是最优的超耐热金属材料，组织中基体是镍、铬、钴的固溶体和镍三铝金属化合物，经处理后，其使用温度可达 1000℃～1100℃。

钛合金

钛是周期表中第ⅣB类元素，外观似钢，熔点达 1672℃，属难熔金属。钛在地壳中含量较丰富，远高于铜、锌、锡、铅等常见金属。我国钛的资源极为丰富，仅四川攀枝花地区发现的特大型钒钛磁铁矿中，伴生钛金属储量约达 4.2 亿吨，接近国外探明钛储量的总和。

纯钛机械性能强，可塑性好，易于加工，如有杂质，特别是氧、氮、碳，可提高钛的强度和硬度，但会降低其塑性，增加脆性。

钛是容易钝化的金属，且在含氧环境中，其钝化膜在受到破坏后还能自行愈合。钛的另一重要特性是密度小。其强度是不锈钢的 3.5 倍、铝合金的 1.3 倍，是目前所有工业金属材料中最高的。

液态的钛几乎能溶解所有的金属，形成固溶体或金属化合物等各种合金。合金元素如铝、钒、锡、硅、钼和锰等的加入，可改善钛的性能，以适应不同部门的需要。例如，钛－铝－锡合金有很高的热稳定性，可在相当高的温度下长时间工作；以钛－铝－钒合金为代表的超塑性合金，可以 50%～

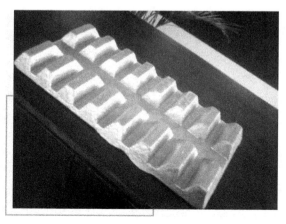

钛合金图片

150％地伸长加工成型，其最大伸长可达到2000％。而一般合金的塑性加工的伸长率最大不超过30％。

由于上述优异性能，钛享有"未来的金属"的美称。钛合金已广泛用于国民经济各部门，它是火箭、导弹和航天飞机不可缺少的材料。船舶、化工、电子器件和通讯设备以及若干轻工业部门中要大量应用钛合金，只是目前钛的价格较昂贵，限制了它的广泛使用。

磁性合金

材料在外加磁场中，可表现出三种情况：

①不被磁场所吸引的，叫反磁性材料；

②微弱地被磁场所吸引的，叫顺磁性材料；

③强烈地被磁场吸引的，称铁磁性材料，其磁性随外磁场的加强而急剧增高，并在外磁场移走后，仍能保留磁性。

金属材料中，大多数过渡金属具有顺磁性；只有铁、钴、镍等少数金属是铁磁性的。金属中组成永磁材料的主要元素是铁、钴、镍和某些稀土元素。目前使用的永磁合金有稀土—钴系、铁—铬—钴系和锰—铝—碳系合金。磁性合金在电力、电子、计算机、自动控制和电光学等新兴技术领域中，有着日益广泛的应用。

超塑性合金

超塑性合金有一种奇怪的特性，在适当的温度下能够像泡泡糖一样伸长10倍、20倍、几十倍直至上百倍，它既不会出现缩颈，也不会断裂。本来是硬而脆的合金，利用它的"超塑性"人们就能够把它吹制成像气球一样的薄壳。

比如，钛合金本来是一种很难变形的合金，它在常

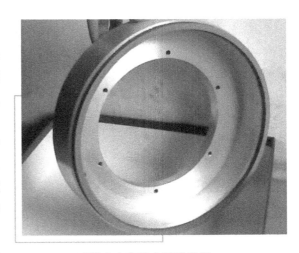

磁性合金有着广泛的应用

温下的最大延伸率只有30%左右。过去，在利用钛合金加工形状复杂的零件时，往往采用"蠕变加工法"，变形过程需要1小时以上。现在利用超塑性成形，制造任何形状复杂的钛合金零件一般都不会超过8分钟。

钛合金在飞机、导弹和航天飞机上用得很多。为了解决零件加工困难的问题，现在除了采用"超塑性成型"以外，还采用"超塑性扩散连接"的办法。

所谓"超塑性扩散连接"，就是把温度控制在金属的熔点以下来进行焊接，在足够的热量和压力之下，使两块金属的接触面上的原子和分子相互扩散，从而连接成一个整体，这种扩散连接一般是在真空中或惰性气体中进行的。

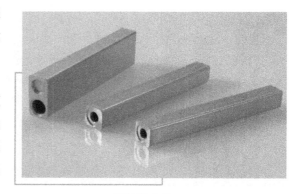

超塑性合金

对钛合金而言，它的"超塑性成型"温度和"超塑性扩散连接"温度正好是相同的，都是在871℃~927℃，因此对钛合金可以同时进行这两项工艺，就是让它在变形的过程中同时完成扩散连接的任务，这样就可以一次直接加工出形状复杂的大型构件。与以往的铆接和焊接方法比较起来，它可以降低成本40%~60%，减轻重量30%~50%。减轻重量，这对于飞机、导弹和航天飞机的制造来说无疑会具有特殊重要的意义。

美国、俄罗斯、日本和西欧各国都对金属材料的超塑性进行了广泛而深入的研究，除了钛合金以外，各国对超高强度钢和高温合金等金属材料和合金的超塑性研究也都取得了长足的进展。现在，各种超塑性合金已经进入大量使用阶段，"超塑性加工"已经发展成为国际上一种相当流行的新工艺。

神奇的记忆合金

1932年，瑞典人奥兰德在金镉合金中首次观察到"记忆"效应，即合金的形状被改变之后，一旦加热到一定的跃变温度时，它又可以魔术般地变回到原来的形状，人们把具有这种特殊功能的合金称为形状记忆合金。记忆合金的开发迄今不过30余年，但由于其在各领域的特效应用，正广为世人所瞩目，被誉为"神奇的功能材料"。

这种具有记忆本领的合金，确实身手不凡，已在工业生产、航天、电子器具、家用电器、医疗技术和能源设备等方面得到了广泛的应用，充分显示了它那出色的才能。

形状记忆合金在航天方面的应用已取得重大进展。荷兰科学家已采用镍钛形状记忆合金板制成了人造卫星天线。这种天线能卷放在卫星体内，当卫星进入轨道后，利用太阳能或其他热源加热，它就能在太空中自动展开。

记忆合金在航空航天领域内的应用有很多成功的范例。人造卫星上庞大的天线可以用记忆合金制作。发射人造卫星之前，将抛物面天线折叠起来装进卫星体内，火箭升空把人造卫星送到预定轨道后，只需加温，折叠的卫星天线因具有"记忆"功能而自然展开，恢复抛物面形状。美国国家航空和航天局采用形状记忆合金制造了月面天线。这种月面天线为半球形展开天线，体积较大。制成后，对它进行记忆热处理，以提高记忆性能。当往运载火箭或航天飞机上装载时，先压缩成便于装运的小球团，待发送到月球表面时，受太阳光照射加热而恢复所记忆的原形，展开成正常工作的半球形天线。由月面天线的成功应用，人们就想到，如果汽车的车身也采用这种形状记忆材料制造，那么即使汽车受撞变形，也能用热水或喷灯等稍稍加热来自动恢复原形，从而使汽车永保美丽的"容颜"。

由于形状记忆合金具有感知温度和驱动双重本领，而所需要的热能可以直接取自工作环境，因而形状记忆合金可制成理想的温度控制装置，用来取代感温—处理—驱动的传统控温系统，使自动控温器不仅能小型化、无声化，而且可提高效率、节约能源和降低成本。例如，现在已将形状记忆合金用于灯光调节和遥控门窗开关等方面，取得了较好的效果。

形状记忆合金已在电器和电子仪器方面大显身手了。它可用于各种电磁控制装置，取代许多电动器，从而简化了结构，降低了成本。例如，自动电子干燥箱采用形状记忆合金后性能大为提高。这种利用记忆合金驱动元件的自动电子干燥箱，由干燥室和内装干燥剂的干燥器组成。干燥器和干燥室之间有 1 个闸门，而在干燥器的外侧还装有 1 个排泄湿气的闸门。在电子干燥箱处于低温时，干燥剂吸收空气中的湿气；而当加热器工作使温度升高时，形状记忆合金弹簧开始动作，关闭内闸门而打开外闸门，使干燥剂中的湿气往外排出，同时切断加热器电源。当温度降到一定值时，在偏压弹簧作用下使形状记忆合金弹

形状记忆合金

簧复原，同时关闭外闸门，并打开内闸门吸湿和接通加热器电源。这样，2个闸门在形状记忆合金弹簧的控制下，交替地打开、关闭，自动地完成了干燥工作。这种干燥箱的闸门开闭器，采用了镍钛形状记忆合金弹簧和偏压弹簧构成的热敏元件，代替了常用的电磁元件，使干燥箱的体积减小而重量减轻，但干燥能力却大为提高，而且无噪音，还节约了电能。

汽车发动机冷却风扇离合器也是记忆合金的主要用武之地。离合器采用记忆合金元件后，当发动机的温度高于规定时，记忆合金元件才使风扇连上传动轴，开始对发动机进行冷却降温。这样，既可缩短暖机时间，又能提高节能效率。

形状记忆合金在能源开发上也是大有作为的。早在 1973 年，美国就制成了镍钛诺尔热机，开辟了记忆合金在能源开发上的应用之路。此后，又相继出现了各种形式的记忆合金热机。到 1982 年，人们又制成了用镍钛记忆合金热机与太阳能集热器配套的新型动力装置。另外，还发明了利用废水余热和地热作热源的记忆合金热机。

近年来开发的记忆合金热机，大都是回转式的，其中以日本研制成的一种固体热机最具代表性。这种记忆合金热机有 2 个直径不同的链轮，链轮上配有 1 条环形链条。作为传动带的环形链条，用记忆合金制成。当环形链条的一侧通过热水加热时，链条便恢复原形，即由于形状记忆效应而收缩，使得链条另一侧产生拉力，从而引起链轮转动。而当收缩的链条转到另一

侧时，受到冷水冷却便变软而伸长。如此反复加热和冷却，就会使记忆合金链条反复缩短和伸长，结果导致链条带动链轮旋转，即可产生机械动力。它的转速达到 1000 转/分，适合于利用温度较低的热源，如太阳能、地热、海洋能等自然热源，尤其适合于废水、废气等低级热源的利用。

形状记忆合金还具有全方位的记忆本领，即能对各个不同方向发生的变化（如温度）作出反应。利用这种性能可制成灵敏的火灾报警器。在正常室温下，警铃的开关（用形状记忆合金制成）处于开启状态，警铃不发出声响；若温度高于室温，出现火灾苗头，记忆合金开关就恢复原状，使开关闭合，于是便出现警铃大作的报警铃声。

在医疗技术方面，形状记忆合金也得到广泛应用，成为医生的得力助手。用形状记忆合金可制成清除血栓块的血液滤清器。这种血液滤清器是先将记忆合金丝绕制成滤网状，并加以形状记忆效应热处理。然后，在较低温度下再将滤网伸展成直线形状，再插入患者心脏一侧的大静脉血管内。直线状的滤网在血管内的温度升高到体温时，由于记忆效应它就会恢复成滤网状，用这种滤网来清除血液中的血栓块，从而阻止 95% 的血栓块流向心脏和肺部。这种血液滤清器同样也可用作血液内胆固醇的清除器。

形状记忆合金不仅能用来滤清血液内的血栓块和胆固醇，而且可用它制成弹簧来打通被血栓堵塞的冠状动脉。使用时，先将记忆合金丝绕成细小的弹簧，并进行记忆效应热处理。然后在较低温度下使弹簧伸展成直线，插入内充冷水的导管里。接着，在 X 光的配合照射下，将装有伸成直线的弹簧的导管送入冠状动脉被堵塞的血栓中，并抽出导管。随着冠状动脉内温度的升高，记忆合金丝就会恢复成弹簧状，将血栓块撑开，从而打开了通路，使血液畅通。

人们还将记忆合金用来制成矫正治疗脊椎侧弯症的矫形背心。它是先将记忆合金棒条做成符合患者正常体形的形状，并加以记忆热处理，然后再在低温下加工成患者弯曲的脊椎形状，做成患者合体的背心。当患者穿上这种背心后，背心的温度逐渐升高到人的体温。这时，记忆合金背心就恢复到患者正常体形的形状，从而使畸形得到矫正。

形状记忆合金在治疗骨折方面也是把好手。例如，用形状记忆合金制成固定骨折用的夹板，依靠人的体温使记忆合金夹板升温，所产生的形状记忆效应，不仅能将两段断骨固定住，而且夹板在恢复原来形状的过程中产生压缩力，迫使断骨很快愈合。

此外，形状记忆合金还在许多方面施展着它的出色本领。有一种用记忆合金制成的温室自动开闭臂，能在阳光照耀的白天打开通气窗，而在晚间室温下降时将其自动关闭，完全不用人去照管。

除了记忆合金具有形状记忆功能外，近年来人们还发现一些高分子聚合物（如塑料）也具有形状记忆功能。日本一家公司已研制成一种苯乙烯和丁二烯聚合物的形状记忆塑料。当将这种塑料加热至60℃

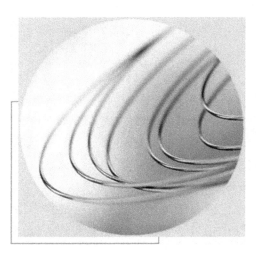

记忆合金

时，丁二烯开始部分软化，而苯乙烯仍保持坚硬状态，以此来保持形状记忆性能。随后，一些形状记忆塑料产品便相继投向市场。例如，1985年开发出的一种形状记忆塑料隆胸乳罩，是用柔软的记忆塑料丝制作的，它能在人的体温作用下恢复突起的外形。日本的一些汽车公司，准备用形状记忆塑料制成汽车的保险杠和易碰撞部位。一旦汽车被撞瘪，只要用理发用的吹风机一吹，这些部件很快就会恢复原状，真像变戏法一样。

人们还在设想，采用形状记忆塑料制成桶、盆、椅、桌、凳等生活用具，可以先将它们压扁堆放，省得占地方。一旦需要使用，或者你出外旅游，和家人一起带上这些压成扁形的塑料用具和小桌椅，只要浇些热水，它们一个个就会"立"起来成形，使用、携带非常方便。

作为一类新兴的功能材料，记忆合金的很多新用途正不断被开发，例如用记忆合金制作的眼镜架，如果不小心被碰弯曲了，只要将其放在热水中加热，就可以恢复原状。不久的将来，汽车的外壳也可以用记忆合金制作。如果不小心碰瘪了，只要用电吹风加加温就可恢复原状，既省钱又省力，实在方便。

储氢材料——21世纪的能源库

氢是一种热值很高的燃料。燃烧1千克氢可放出62.8千焦的热量，1千克氢可以代替3千克煤油。氢氧结合的燃烧产物是最干净的物质——水，没有任何污染。氢的来源非常丰富，若能从水中制取氢，则可谓取之不尽、用之不竭。

氢能的利用，主要包括两个方面：①制氢工艺，②贮氢方法。

传统贮氢方法有两种：①利用高压钢瓶（氢气瓶）来贮存氢气，但钢瓶贮存氢气的容积小，瓶里的氢气即使加压到150个大气压（1个大气压 = 101.325千帕），所装氢气的质量也不到氢气瓶质量的1%，而且还有爆炸的危险。②贮存液态氢，将气态氢降温到－253℃变为液体进行贮存，但液体贮存箱非常庞大，需要极好的绝热装置来隔热，才能防止液态氢不会沸腾汽化。近年来，一种新型简便的贮氢方法应运而生，即利用贮氢合金（金属氢化物）来贮存氢气。

113

贮氢合金

研究证明，某些金属具有很强的捕捉氢的能力，在一定的温度和压力条件下，这些金属能够大量"吸收"氢气，反应生成金属氢化物，同时放出热量。其后，将这些金属氢化物加热，它们又会分解，将贮存在其中的氢释放出来。这些会"吸收"氢气的金属，称为贮氢合金。

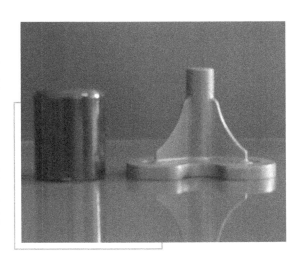

贮氢合金具有很强的捕捉氢的能力

贮氢合金的贮氢能力很强。单位体积贮氢的密度，是相同温度、压力条件下气态氢的1000倍，亦即相当于贮存了1000个大气压的高压氢气。

由于贮氢合金都是固体，既不用贮存高压氢气所需的大而笨重的钢瓶，又不需存放液态氢那样极低的温度条件，需要贮氢时使合金与氢反应生成金属氢化物并放出热量，需要用氢时通过加热或减压使贮存于其中的氢释放出来，如同蓄电池的充、放电，因此贮氢合金不愧是一种极其简便易行的理想贮氢方法。

目前研究发展中的贮氢合金，主要有钛系贮氢合金、锆系贮氢合金、铁系贮氢合金及稀土系贮氢合金。

贮氢合金不光有贮氢的本领，而且还有将贮氢过程中的化学能转换成机械能或热能的能量转换功能。贮氢合金在吸氢时放热，在放氢时吸热，利用这种放热—吸热循环，可进行热的贮存和传输，制造制冷或采暖设备。

贮氢合金还可以用于提纯和回收氢气，它可将氢气提纯到很高的纯度。例如，采用贮氢合金，可以以很低的成本获得纯度高于 99.9999% 的超纯氢。

贮氢合金的应用

储氢合金以其高超的本领在许多方面得到应用，成为人们储存和利用氢气的得力帮手，并将获得进一步发展。

人们利用储氢合金在吸氢时放热，而放氢时又要吸收热量的本领进行蓄热制冷。例如，镧镍储氢合金在吸氢时放出的热约为 210 千焦/千克，而金属镁在吸氢时放出的热高达 3182 千焦/千克，其能量是非常大的。利用储氢材料的这种特性，就可进行蓄热制冷。

利用储氢合金蓄热的原理与蓄电池相似。例如，将工厂低温排放的热量或太阳能作用于储氢合金上，它在吸热时放出氢，所放出的氢储存在氢气瓶里；而当人们需要热水时，只要给氢气瓶加少量的压力，储氢合金就会进入放热反应，在吸氢的同时放出热量，从而将热交换管中的水加热，供人们使用。在吸氢放热的过程中，氢气并不消耗，它只是和储氢合金一起组成了蓄热器。

美国、日本等国根据上述利用储氢合金吸收太阳能装置的原理，制成了一种简单的吸收太阳能装置，并已投放市场。

日本北海道电力公司等还研制成功家用冷暖气设备，并于 1985 年正式投入使用，每小时可提供 6.28 亿焦耳的能量。这种利用储氢合金热泵原理制成的冷暖气设备是这样工作的：夏天，太阳光照射在 M1 储氢合金上，由于加热它便吸热放氢，而吸热使周围空气温度降低，所产生的冷气用来使房间降温，与此同时所分解出的氢气通过管道送入 M2 储氢金，又将氢储存起来；冬天，将 M2 储氢合金在较低温度下加热，所分解出的氢气通过管道送入 M1 储氢合金，M1 储氢合金便吸氢放热，所产生的热量供房间取暖。这种冷暖气设备既不使用电能和消耗燃料，又不需要复杂的设备，而且效能还是很高的。例如，以镧镍储氢合金作为 M1 储氢合金，它在 60℃ 的低温便可分解放出氢气，而作为 M2 储氢合金的镧镍铝储氢合金，在吸氢时由于氢化反应可产生 100℃ 以上的高温，完全可满足房间取暖的需要。

超纯氢气是现代电子工业和一些尖端技术使用的重要原料，例如用作晶体外延生长时的运载气体等。但通常精制超纯氢气的方法成本很高，现在利用储氢合金就可生产廉价的超纯氢气。目前，不少国家都在利用储氢合金（特别是稀土镍铝和稀土镍锰储氢合金）进行精制超纯氢气的实验研究，并已取得很大进展，有的已开始商品化生产。其中如日本已用稀土镍铝储氢合金处理含有一氧化碳、氮气、氧气等杂质的工业氢气，生产出纯度高于 99.9999% 的高纯氢气。

利用储氢合金放氢时所产生的压力，通过适当的动力转换装置，即可转变成有用的机械能。用储氢合金制作的压缩机，当向装有储氢合金填充层的压缩机内输入低压氢气时，储氢合金便吸氢放热，将氢储存起来，而放出的热量用通入管子的冷水吸收，然后，将热水通入管子，使储氢合金加热，它便吸热并放出高压氢气，可用来作为驱动力。这种压缩机由于没有复杂的机械零件，所以结构简单，制造成本低，而且工作中不产生噪音，也不会发生机械故障。用储氢合金制成的小型驱动器，因为氢气有缓冲作用，所以耐冲击和过负载，而且重量轻、无噪声，能产生相当大的驱动力。美国、日本等国已利用储氢合金制作机器人的驱动装置，既灵敏可靠又轻便。

从半导体陶瓷到生物陶瓷

半导体陶瓷

半导体陶瓷的基本特征是这种陶瓷具有半导体性质。因敏感陶瓷多属半导体陶瓷，或者说半导体陶瓷多半用于敏感元件，所以常将半导体陶瓷称为敏感陶瓷。

半导体陶瓷是由各种氧化物组成的，这些氧化物多数具有比较宽的禁带，在常温下是绝缘体。通过微量杂质的掺入，控制烧结气氛及陶瓷的微观结构，使之受到热激发产生导电载流子，从而使传统的绝缘体成为具有一定性能的半导体。

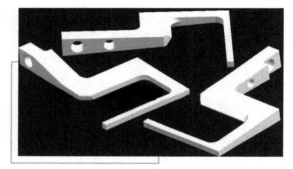

半导体陶瓷

陶瓷是由晶粒、晶界、气孔组成的多相系统，通过人为掺杂，造成晶粒表面的组分偏离，在晶粒表层产生固溶、偏析及晶格缺陷；在晶界处产生异质相的析出，杂质的聚集，晶格缺陷及晶格各向异性等。这些晶粒边界层的组成、结构变化显著改变了晶界的电性能，从而导致整个陶瓷电气性能的显著变化。

实用的半导体陶瓷可分为：利用晶体本身性质的负温度系数热敏电阻、高温热敏电阻、氧化传感器，利用晶界和晶粒间析出相性质的正温度系数热敏电阻，利用表面性质的各种气体传感器、温度传感器。

敏感陶瓷

敏感陶瓷是某些传感器中的关键材料之一，它根据某些陶瓷的电阻率、电动势等物理量对热、湿、光、电压等变化特别敏感这一特性制作敏感元件，按其相应特性，可分作热敏、气敏、湿敏、压敏、光敏及离子敏感陶瓷。此外还有具有压电效应的压力、速度、位置、声波敏感陶瓷，具有铁氧体性质的磁敏陶瓷及具有多种敏感特性的多功能敏感陶瓷。纳米敏感陶瓷已成为人们研究的热门课题。

敏感陶瓷

半导体陶瓷的电导率因外界条件（温度、光照、电场、气氛和温度等）的变化而发生显著的变化，因此可以将外界环境的物理量变化转变为电信号，制成各种用途的敏感元件。

半导体陶瓷生产工艺的共同特点是必须经过半导化过程。半导化过程可通过掺杂不等价离子取代部分主晶相离子（例如，$BaTiO_3$ 中的 Ba^{2+} 被 La^{3+} 取代），使晶格产生缺陷，形成施主或受主能级，以得

到 n 型或磷型的半导体陶瓷。另一种方法是控制烧成气氛、烧结温度和冷却过程。例如氧化气氛可以造成氧过剩，还原气氛可以造成氧不足，这样可使化合物的组成偏离化学计量而达到半导化。半导体陶瓷敏感材料的生产工艺简单，成本低廉，体积小，用途广泛。

（1）压敏陶瓷：指伏安特性为非线性的陶瓷。如碳化硅、氧化锌系陶瓷。它们的电阻率相对于电压是可变的，在某一临界电压下电阻值很高，超过这一临界电压则电阻急剧降低。典型产品是氧化锌压敏陶瓷，主要用于浪涌吸收、高压稳压、电压电流限制和过电压保护等方面。

（2）热敏陶瓷：又称热敏电阻陶瓷，指电导率随温度呈明显变化的陶瓷。它有三种类型：

①负温系数热敏电阻（简称 NTC），如一些过渡金属如锰、铁、钴、镍等的氧化物半导体陶瓷，特点是随着温度升高，电阻呈指数减小。

②正温系数热敏电阻（简称 BTC），如掺杂的钛酸钡半导体陶瓷，特点是随着温度升高电阻增大，并在居里点有剧变。

③剧变型热敏电阻（简称 CTR），如氧化钒及其掺杂半导体陶瓷，具有负温系数，并在某一温度，电阻产生急剧变化，变化值可达 3~4 个数量级。热敏陶瓷主要用于温度补偿、温度测量、温度控制、火灾探测、过热保护

和彩色电视机消磁等方面。

（3）光敏陶瓷：指具有光电导或光生伏特效应的陶瓷。如硫化镉、碲化镉、砷化镓、磷化铟、锗酸铋等陶瓷或单晶。当光照射到它的表面时电导增加。主要用作自动控制的光开关和太阳能电池等。

（4）气敏陶瓷：指电导率随着所接触气体分子的种类不同而变化的陶瓷。如氧化锌、氧化锡、氧化铁、五氧化二钒、氧化锆、氧化镍和氧化钴等系统的陶瓷。主要用于对不同气体进行检漏、防灾报警及测量等方面。

（5）湿敏陶瓷：指电导率随湿度呈明显变化的陶瓷。如四氧化三铁、氧化钛、氧化钾—氧化铁、铬酸镁—氧化钛及氧化锌—氧化锂—氧化钒等系统的陶瓷。它们的电导率对水特别敏感，适宜用作湿度的测量和控制。

近来，控制系统已经愈益系统化，需要能够检测 2 种或几种物理和化学参数，并给出互不干扰电信号的多功能敏感元件。适应这种需要的湿度—气体敏感陶瓷和温度 - 湿度敏感陶瓷等多功能敏感陶瓷正在研制中。

高温结构陶瓷

在材料中，有一类叫结构材料，主要利用其强度、硬度韧性等机械性能制成的各种材料。金属作为结构材料，一直被广泛使用。但是，由于金属易受腐蚀，在高温时不耐氧化，不适合在高温时使用。高温结构材料的出现，弥补了金属材料的弱点。这类材料具有能经受高温、不怕氧化、耐酸碱腐蚀、硬度大、耐磨损、密度小等优点，作为高温结构材料，非常适合。

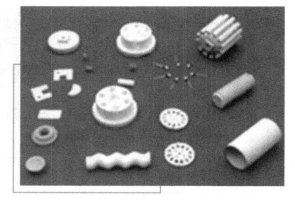

高温结构陶瓷

氧化铝陶瓷

氧化铝陶瓷（人造刚玉）是一种极有前途的高温结构材料。它的熔点很高，可作高级耐火材料，如坩埚、高温炉管等。利用氧化铝硬度大的优点，可以制造在实验室中使用的刚玉磨球机，用来研磨比它硬度小的材料。用高纯度的原料，使用先进工艺，还可以使氧化铝陶瓷变得透明，可制作高压钠灯的灯管。

氮化硅陶瓷

氮化硅陶瓷陶瓷也是一种重要的结构材料，它是一种超硬物质，密度小、本身具有润滑性，并且耐磨损，除氢氟酸外，它不与其他无机酸反应，抗腐蚀能力强；高温时也能抗氧化。而且它还能抵抗冷热冲击，在空气中加热到 1000℃ 以上，急剧冷却再急剧加热，也不会碎裂。正是氮化硅具有如此良好的特性，人们常常用它来制造轴承、汽轮机叶片、机械密封环、永久性模具等机械构件。

氮化硼陶瓷、碳化硼陶瓷

外观与性状：润滑，易吸潮。氮化硼是白色、难溶、耐高温的物质。通常制得的氮化硼是石墨型结构，俗称为白色石墨。另一种是金刚石型，和石墨转变为金刚石的原理类似，石墨型氮化硼在高温（1800℃）、高压（800 兆帕）下可转变为金刚型氮化硼。这种氮化硼与金刚石性质相似，密度也和金刚石相近，它的硬度和金刚石不相上下，而耐热性比金刚石好，是新型耐高温的超硬材料，用于制作钻头、磨具和切割工具。

人造宝石

红宝石和蓝宝石的主要成分都是 Al_2O_3（刚玉）。红宝石呈现红色是由于其中混有少量含铬化合物；而蓝宝石呈蓝色则是由于其中混有少量含钛化合物。1900 年，科学家曾用氧化铝熔融后加入少量氧化铬的方法，制出了质量为 2~4 克的红宝石。现在，已经能制造出大到 10 克的红宝石和蓝宝石。

119

生物陶瓷

生物硬组织代用材料有体骨、动物骨，后来发展到采用不锈钢和塑料，由于这些生物材料在生物体中使用，不锈钢存在溶析、腐蚀和疲劳问题，塑料存在稳定性差和强度低的问题。目前世界各国相继发展了生物陶瓷材料，它不仅具有不锈钢塑料所具有的特性，而且具有亲水性、能与细胞等生物组织表现出良好的亲和性。因此生物陶瓷具有广阔的发展前景。生物陶瓷除用于测量、诊断治疗等外，主要是用作生物硬组织的代用材料。可用于骨科、整形外科、牙科、口腔外科、心血管外科、眼外科、耳鼻喉科及普通外科等方面。

生物陶瓷作为硬组织的代用材料来说，主要分为生物惰性和生物活性两大类。

生物惰性陶瓷材料

生物惰性陶瓷主要是指化学性能稳定，生物相溶性好的陶瓷材料。这类陶瓷材料的结构都比较稳定，分子中的键力较强，而且都具有较高的机械强度、耐磨性以及化学稳定性，它主要有氧化铝陶瓷、单晶陶瓷、氧化锆陶瓷、玻璃陶瓷等。

生物活性陶瓷材料

生物活性陶瓷包括表面生物活性陶瓷和生物吸收性陶瓷，又叫生物降解陶瓷。生物表面活性陶瓷通常含有羟基，还可做成多孔性，生物组织可长入并同其表面发生牢固的键合；生物吸收性陶瓷的特点是能部分吸收或者全部吸收，在生物体内能诱发新生骨的生长。生物活性陶瓷有生物活性玻璃（磷酸钙系）、羟基磷灰和陶瓷、磷酸三钙陶瓷等几种。

奇特的光学功能材料

光学功能材料，是在力、声、热、电、磁和光等外加场作用下，其光学性质发生变化，从而起光的开关、调制、隔离、偏振等功能作用的材料。

光学功能材料按其与外场强度的相互关系，分为线性的和非线性的两种。

光学功能材料还可按材料凝聚状态分为气体、液体和固体（晶体、陶瓷、玻璃、薄膜或超晶格）等材料；按应用效应又分为激光频率转换材料、电光材料、声光材料、磁光材料和光感应双折射材料。光学功能材料具有利用光波自身强度和外加电、磁、机械场对光波的强度、频率、相位、偏振进行控制的能力，从而在现代光电子技术中广泛用于实现激光频率转换，改善激光器的脉宽、模式，进行多种光学信息处理等。

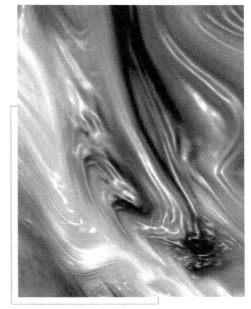

光学功能材料结构图

抵抗高温的材料——耐火材料

耐火度高于1580℃的无机非金属材料。耐火度指耐火材料锥形体试样在没有荷重情况下，抵抗高温作用而不软化熔倒的摄氏温度。耐火材料与高温技术相伴出现，大致起源于青铜器时代中期。中国东汉时期已用黏土质耐火材料做烧瓷器的窑材和匣钵。20世纪初，耐火材料向高纯、高致密和超高温制品方向发展，同时出现了完全不需烧成、能耗小的不定型耐火材料和耐火纤维。现代，随着原子能技术、空间技术、新能源技术的发展，具有耐高温、抗腐蚀、抗热振、耐冲刷等综合优良性能的耐火材料得到了应用。

耐火材料种类繁多，通常按耐火度高低分为普通耐火材料（1580℃～1770℃）、高级耐火材料（1770℃～2000℃）和特级耐火材料（2000℃以上）；按化学特性分为酸性耐火材料、中性耐火材料和碱性耐火材料。此外，还有用于特殊场合的耐火材料。

酸性耐火材料以氧化硅为主要成分，常用的有硅砖和黏土砖。硅砖是含氧化硅93％以上的硅质制品，使用的原料有硅石、废硅砖等，其抗酸性炉渣侵蚀能力强，荷重软化温度高，重复煅烧后体积不收缩，甚至略有膨胀；但其易受碱性渣的侵蚀，抗热振性差。硅砖主要用于焦炉、玻璃熔窑、酸性炼钢炉等热工设备。黏土砖以耐火黏土为主要原料，含有30％～46％的氧化铝，属弱酸性耐火材料，抗热振性好，对酸性炉渣有抗蚀性，应用广泛。

中性耐火材料以氧化铝、氧化铬或碳为主要成分。含氧化铝95％以上的刚玉制品是一种用途较广的优质耐火材料。以氧化铬为主要成分的铬砖对钢渣的耐蚀性好，但抗热振性较差，高温荷重变形温度较低。碳质耐火材料有碳砖、石墨制品和碳化硅质制品，其热膨胀系数很低，导热性高，耐热振性能好，高温强度高，抗酸碱和盐的侵蚀，不受金属和熔渣的润湿，质轻。广泛用作高温炉衬材料，也用作石油、化工的高压釜内衬。

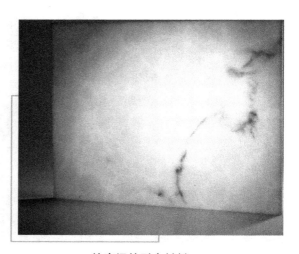

抗高温的耐火材料

碱性耐火材料以氧化镁、氧化钙为主要成分，常用的是镁砖。含氧化镁80％～85％以上的镁砖，对碱性渣和铁渣有很好的抵抗性，耐火度比黏土砖和硅砖高。主要用于平炉、吹氧转炉、电炉、有色金属冶炼设备以及一些高温设备上。

在特殊场合应用的耐火材料有高温氧化物材料，如氧化铝、氧化镧、氧化铍、氧化钙、氧化锆等；难熔化合物材料，如碳化物、氮化物、硼化物、硅化物和硫化物等；高温复合材料，主要有金属陶瓷、高温无机涂层和纤维增强陶瓷等。

超硬材料有多硬

超硬材料是金刚石和立方氮化硼两种材料的统称。目前，在世界上已知的材料中，金刚石和立方氮化硼是最硬的两种材料。由于它们的硬度大大超出其他材料的数倍，因而人们将这两种材料称为超硬材料。

金刚石，也称钻石，有天然金刚石和人造金刚石两种。金刚石是目前世界上已知的最硬工业材料，它不仅具有硬度高、耐磨、热稳定性能好等特性，而且以其优秀的抗压强度、散热速率、传声速率、电流阻抗、防蚀能力、透光、低热胀率等物理性能，成为工业应用领域不可替代的新材料、现代工业和科学技术的瑰宝。

纯天然的金刚石

人造金刚石是加工业最硬的磨料，电子工业最有效的散热材料，半导体最好的晶片，通讯元器件最高频的滤波器，音响最传真的振动膜，机件最稳定的抗蚀层等等，已经被广泛应用于冶金、石油钻探、建筑工程、机械加工、仪器仪表、电子工业、航空航天以及现代尖端科学领域。

立方氮化硼，目前在自然界还没有找到这种物质的存在，是人工合成的一种超硬材料。

立方氮化硼（CBN）是硬度仅次于金刚石的超硬材料。它不但具有金刚石的许多优良特性，而且有更高的热稳定性和对铁族金属及其合金的化学惰性。它作为工程材料，已经广泛应用于黑色金属及其合金材料加工工业。同时，它又以其优异的热学、电学、光学和声学等性能，在一系列高科技领域得到应用，成为一种具有发展前景的功能材料。

立方氮化硼微粉，用在精密磨削、研磨、抛光和超精加工，以达到高精度的加工表面。适用于树脂、金属、陶瓷等结合剂体系，亦可用于生产聚晶复合片烧结体，还可用做松散磨粒、研磨膏。

黑色立方氮化硼由于具有优异的化学物理性能，如具有仅次于金刚石的高硬度、高热稳定性和化学惰性，作为超硬磨料在不同行业的加工领域获得广泛的应用，现在更是成为汽车、航天航空、机械电子、微电子等工业不可或缺的重要材料，因而也得到各工业发达国家的极大重视。

合成立方氮化硼除静高压触媒法还有多种方法，如静高压直接转化法、动态冲击法、气相沉积法等，其中有些方法如气相沉积法发展很快。但迄今为止工业合成CBN主要方法还是静高压触媒法，CBN的合成研究也主要集中于这方面。

立方氮化硼聚晶刀具是由许多细晶粒（0.1～100）CBN聚结而成的CBN聚集体的一类超硬材料产品。它除了具有高硬度、高耐磨性外，还具有高韧性、化学惰性、红硬性等特点，并可用金刚石砂轮开刃修磨。在切削加工的各个方面都表现出优异的切削性能，能够在高温下实现稳定切削，特别适合加工各种淬火钢、工具钢、冷硬铸铁等难加工材料。刀具切削锋利、保形性好、耐磨性能高、单位磨损量小、修正次数少、利于自动加工，适用于从粗加工到精加工的所有切削加工。立方氮化硼聚晶刀在数控切削行业已得到广泛应用，是一种具有良好发展前景的刀具材料。

人造金刚石聚晶复合片是在高温高压情况下由许多细晶粒金刚石和硬质合金衬底联合少结而成的块状聚结体。它和立方氮化硼聚晶刀一样具有高强度、高硬度、高耐磨性，特别是具有高的抗冲击韧性。作为加工工具，人造金刚石聚晶复合片主要用于石油、冶金、地质钻头、扩孔器等，其钻进速度及时效均为天然金刚石的许多倍，同时钻进过程中还可以有效保持孔径。人造金刚石复合片还可以用来切削非铁金属及其合金、硬质合金以及非金属材料。切削速度为硬质合金刀具的上百倍，耐用度为硬质合金的上千倍。

骨伤外科的福音——医用碳素材料

自20世纪60年代首次用低温热解同性碳制造出人工机械心瓣并临床应用成功以后，由于碳素材料具有十分突出的生物相容性和适中的机械性能，国内外对新型医用材料的开发应用研究一直十分活跃。总体上看，医用碳素材料主要是作为假体植入到体内修复或替代被破坏的器官的功能。一方面，医用碳素材料是一种化学惰性材料，具有良好的生物相容性，在体内不会因被腐蚀或磨损，不会产生对机体有害的离子，低温热解同性碳还具有罕见的抗血凝性能，可直接应用于心血管系统；另一方面，与金属材料相比，医用碳素材料又具有良好的"生物力学相容性"，尤其是碳纤维问世以来，碳/碳复合材料、碳纤维增强树脂等多种高性能结构材料不断涌现，它们可容高强度低模量于一身，并

医用的碳素材料

具有很好的抗疲劳性能，因此医用碳素材料作为修复或替代受损骨组织的材料已较为广泛地应用于骨伤外科。这里重点介绍医用碳素材料在临床应用方面的进展。

在心血管系统中的应用

人工机械心脏瓣膜自 1969 年临床应用成功后，不到 10 年时间就有 20 多万人植入了这种人工心瓣，其中大约 70% 是用掺硅低温热解同性碳制成的。同类型机械心瓣在国内也于 1978 年应用于临床。通过完善机械心瓣的结构来不断改善心瓣的功能仍是当前研究的热点，国内已有双叶翼型瓣的开发研究报告。

在修复结缔组织中的应用

碳纤维及其织造物作为修复损伤的韧带与肌腱，国内已广泛应用于临床，当碳纤维作为腱的取代物移入体内后起柔性固定的作用，碳纤维相当于支架，新的腱逐渐在碳纤维周围形成并最终取而代之。通过碳纤维网袋悬吊术可治疗肾下垂。用碳纤维增强的壳聚糖复合膜的力学性能和抗卷曲性可得到明显改善，可望用于张力部位的体内修补和缝合。

在牙科中的应用

碳素材料在牙科主要是作为骨内种植体代替损失的牙根。广泛应用于宇航工业的碳/碳复合材料制成的牙种植体在强度上已能满足要求。与金属牙种植体相比，碳质种植体的优势在于弹性模量与骨质相近，表面易制出多孔膜，所以这种种植体植入后不易松动。有一期临床试验结果表明：使用碳/碳复合材料制成的牙种植体可以防止牙槽骨的吸收。在提高牙种植体与牙槽骨的结合强度方面，主要有两种方法：①在牙种植体的表面制成一层坚固的细密网架结构薄层（FRS膜）；②将碳质种植体表面用钙、磷离子膜化。

在骨伤外科中的应用

在下肢不等长畸形的肢体延长矫正手术中，用碳/碳复合材料制成的圆骨针取代不锈钢圆骨针可减少组织反应和感染的机会。处理骨折时为避免金属内骨板带来的应力屏蔽效应，可采用碳/碳复合材料或碳纤维增强树脂制造的内骨板，国内已有碳纤维增强塑料内置式接骨板的研制报告。用碳纤维编织带内固定治疗髌骨骨折也已用于临床。对于难以愈合的关节损伤，有时必须考虑关节置换术。国内应用于临床的有碳－钛组合式股骨头和碳质髋臼杯、碳质肱骨头、碳纤维增强塑料人工肋骨等。尽管碳素材料良好的生物相容性已被公认，但也有一例碳纤维植入致骨坏死的报告，所以临床应用碳素材料时也应注意个体差异。

植入眼内的人工透镜——人工晶体

人工晶体的由来

人工晶体，是一种植入眼内的人工透镜，取代天然晶状体的作用。第一枚人工晶体是由约翰·帕克、约翰·赫尔特和霍华德·瑞德利共同设计的，于1949年11月29日，瑞德利医生在伦敦圣—汤姆森医院为病人植入了首枚人工晶体。

在第二次世界大战中，人们观察到某些受伤的飞行员眼中有玻璃弹片，却没有引起明显的、持续的炎症反应，于是想到玻璃或者一些高分子有机材料可以在眼内保持稳定，由此发明了人工晶体。

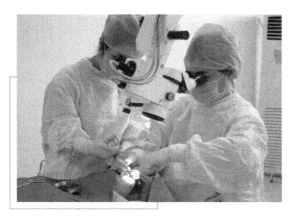

白内障手术使用人工晶体

人工晶体的形态，通常是由一个圆形光学部和周边的支撑祥组成，光学部的直径一般在 5.5～6 毫米左右，这是因为，在夜间或暗光下，人的瞳孔会放大，直径可以达到 6 毫米左右，而过大的人工晶体在制造或者手术中都有一定的困难，因此主要生产厂商都使用 5.5～6 毫米的光学部直径。支撑祥的作用是固定人工晶体，形态就很多了，基本的可以是 2 个 C 型的线装支撑祥。

人工晶体的分类

按照硬度，可以分为硬质人工晶体和软性人工晶体。软晶体又可以分为丙烯酸类晶体和硅凝胶类晶体。顾名思义，软晶体就是可折叠晶体。首先出现的是硬质人工晶体，这种晶体不能折叠，手术时需要一个与晶体光学部大小相同的切口（6 毫米左右），才能将晶体植入眼内。

到 20 世纪 80 年代后期 90 年代初，白内障超声乳化手术技术迅速发展，手术医生已经可以仅仅使用 3.2 毫米甚至更小的切口就已经可以清除白内障，但在安放人工晶体的时候却还需要扩大切口，才能植入。为了适应手术的进步，人工晶体的材料逐步改进，出现了可折叠的人工晶体，一个光学部直径 6 毫米的人工晶体，可以对折，甚至

PMMA 的粉末

卷曲起来，通过植入镊或植入器将其植入，待进入眼内后，折叠的人工晶体会自动展开，支撑在指定的位置。

按照安放的位置，可以分为前房固定型人工晶体、虹膜固定型人工晶体、后房固定型人工晶体。通常人工晶体最佳的安放位置是在天然晶状体的囊袋内，也就是后房固定型人工晶体的位置，在这里可以比较好地保证人工晶体的位置居中，与周围组织没有摩擦，炎症反应较轻。但是在某些特殊情况下眼科医师也可能把人工晶体安放在其他的位置，例如，对于校正屈光不正的患者，可以保留其天然晶状体，进行有晶体眼的人工晶体植入；或者是对于手术中出现晶体囊袋破裂等并发症的患者，可以植入前房型人工晶体或者后房型人工晶体缝线固定。

人工晶体的材料

人工晶体经过了数十年的发展，材料主要是由线性的多聚物和交连剂组成。通过改变多聚物的化学组成，可以改变人工晶体的折射率、硬度等等。

最经典的人工晶体材料是PMMA，是表面肝素处理晶体，也就是聚甲基丙烯酸甲酯。这种材料是疏水性丙烯酸酯，只能生产硬性人工晶体。但是此种晶体却是在当时的医疗水平下唯一可以用于糖尿病病人的人工晶体。但是现在多种材料的产生、医疗技术水平及方式的改变和提高，使糖尿病病人不再局限于 PMMA 人工晶体。

电阻为零的材料——超导材料

1911 年，荷兰物理学家昂尼斯（1853～1926）发现，水银的电阻率并不像预料的那样随温度降低逐渐减小，而是当温度降到 4.15K 附近时，水银的电阻突然降到零。某些金属、合金和化合物，在温度降到绝对零度附近某一特定温度时，它们的电阻率突然减小到无法测量的现象叫做超导现象，能够发生超导现象的物质叫做超导体。超导体由正常态转变为超导态的温度称为这种物质的转变温度（或临界温度）。现已发现大多数金属元素以及数以千计的合金、化合物都在不同条件下显示出超导性。如钨的转变温度为 0.012K，锌为 0.75K，铝为 1.196K，铅为 7.193K。

超导体得天独厚的特性，使它可能在各种领域得到广泛的应用。但由于早期的超导体存在于液氦极低温度条件下，极大地限制了超导材料的应用。人们一直在探索高温超导体，1911～1986年，75年间从水银的4.2K提高到铌三锗的23.22K，才提高了19K。

1986年，高温超导体的研究取得了重大的突破。掀起了以研究金属氧化物陶瓷材料为对象，以寻找高临界温度超导体为目标的"超导热"。全世界有260多个实验小组参加了这场竞赛。

1986年1月，美国国际商用机器公司设在瑞士苏黎世实验室科学家柏诺兹和缪勒首先发现钡镧铜氧化物是高温超导体，将超导温度提高到30K；紧接着，日本东京大学工学部又将超导温度提高到37K；12月30日，美国休斯敦大学宣布，美籍华裔科学家朱经武又将超导温度提高到40.2K。

1987年1月初，日本川崎国立分子研究所将超导温度提高到43K；不久日本综合电子研究所又将超导温度提高到46K和53K；中国科学院物理研究所由赵忠贤、陈立泉领导的研究组，获得了48.6K的锶镧铜氧系超导体，并看到这类物质有在70K发生转变的迹象；2月15日美国报道朱经武、吴茂昆获得了98K超导体；2月

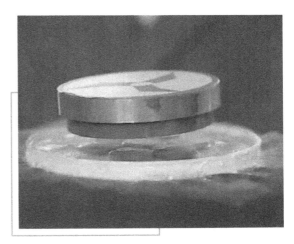

电阻为零的材料——超导材料

20日，中国也宣布发现100K以上超导体；3月3日，日本宣布发现123K超导体；3月12日中国北京大学成功地用液氮进行超导磁悬浮实验；3月27日美国华裔科学家又发现在氧化物超导材料中有转变温度为240K的超导迹象。很快日本鹿儿岛大学工学部发现由镧、锶、铜、氧组成的陶瓷材料在14℃温度下存在超导迹象。高温超导体的巨大突破，以液态氮代替液态氦作超导制冷剂获得超导体，使超导技术走向大规模开发应用。氮是空气的主要成分，液氮制冷机的效率比液氦至少高10倍，所以液氮的价格实际仅相当于液氦的1/100。液氮制冷设备简单，因此，现有的高温超导体虽然

还必须用液氮冷却，但却被认为是 20 世纪科学上最伟大的发现之一。

那么，什么是超导材料呢？具有在一定的低温条件下呈现出电阻等于零以及排斥磁力线的性质的材料。现已发现有 28 种元素和几千种合金和化合物可以成为超导体。

超导材料和常规导电材料的性能有很大的不同。主要有以下性能。

（1）零电阻性：超导材料处于超导态时电阻为零，能够无损耗地传输电能。如果用磁场在超导环中引发感生电流，这一电流可以毫不衰减地维持下去。这种"持续电流"已多次在实验中观察到。

（2）完全抗磁性：超导材料处于超导态时，只要外加磁场不超过一定值，磁力线不能透入，超导材料内的磁场恒为零。

（3）约瑟夫森效应：两超导材料之间有一薄绝缘层（厚度约 1 纳米）而形成低电阻连接时，会有电子对穿过绝缘层形成电流，而绝缘层两侧没有电压，即绝缘层也成了超导体。当电流超过一定值后，绝缘层两侧出现电压 U（也可加一电压 U），同时，直流电流变成高频交流电，并向外辐射电磁波。这些特性构成了超导材料在科学技术领域越来越引人注目的各类应用的依据。

超导材料的这些参量限定了应用材料的条件，因而寻找高参量的新型超导材料成了人们研究的重要课题。

超导材料按其化学成分可分为元素材料、合金材料、化合物材料和超导陶瓷。

（1）超导元素：在常压下有 28 种元素具超导电性，其中铌的 T_c 最高。

（2）合金材料：超导元素加入某些其他元素作合金成分，可以使超导材料的全部性能提高。如最先应用的铌锆合金（铌 – 75Zr）。

（3）超导化合物：超导元素与其他元素化合常有很好的超导性能。

（4）超导陶瓷：20 世纪 80 年代初，米勒和贝德诺尔茨开始注意到某些氧化物陶瓷材料可能有超导电性，他们的小组对一些材料进行了试验，于 1986 年在镧—钡—铜—氧化物中发现了 T_c = 35K 的超导电性。1987 年，中国、美国、日本等国科学家在钡—钇—铜氧化物中发现 T_c 处于液氮温区有超导电性，使超导陶瓷成为极有发展前景的超导材料。

超导材料具有的优异特性使它从被发现之日起，就向人类展示了诱人的应用前景。但要实际应用超导材料又受到一系列因素的制约，这首先是它的临界参量，其次还有材料制作的工艺等问题（例如脆性的超导陶瓷如何制成柔细的线材就有一系列工艺问题）。

到 20 世纪 80 年代，超导材料的应用主要有：①利用材料的超导电性可制作磁体，应用于电机、高能粒子加速器、磁悬浮运输、受控热核反应、储能等；可制作电力电缆，用于大容量输电（功率可达 10000 兆伏安）；可制作通信电缆和天线，其性能优于常规材料。②利用材料的完全抗磁性可制作无摩擦陀螺仪和轴承。③利用约瑟夫森效应可制作一系列精密测量仪表以及辐射探测器、微波发生器、逻辑元件等。利用约瑟夫森结作计算机的逻辑和存储元件，其运算速度比高性能集成电路的快 10 ~ 20 倍，功耗只有 1/4。

对环境敏感的材料——人工鼻

20 世纪 80 年代末，在英国发生了一起特大的暴风雪，一辆在中途抛锚的汽车被困在暴风雪中，等待救援的司机和乘客在严寒的风雪中冻得瑟瑟发抖。为了取暖，司机就用汽车发动机开动暖气，使乘客们不致忍受挨冻之苦，不料，由于燃烧的废气中含有一氧化碳，结果乘客都因煤气中毒而死。这一事故在英国引起了很大的轰动。后来有人说，如果汽车内有一个报警装置，能感受到空气中有一氧化碳存在，及时发出警报，或许这一车人就得救了。

1990 年下半年，苏联的大马戏团来北京演出住在离北京火车站不远的北京国际饭店，马戏团招募的一位工作人员也随团住在客房中。这位工作人员有吸烟的习惯，吸烟时随手把未熄灭的火柴梗扔进了一个纸篓里就出去办事去了，结果火柴引着了纸篓，接着引着了地毯，

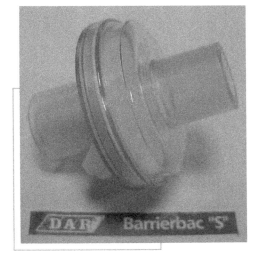

人工鼻

眼看一场火灾就可能出现，幸亏在这座现代化的国际饭店的每个客房内都安

装有烟雾报警器，在烟雾弥漫时能发出警铃鸣响。服务人员听到报警铃声，立即提着灭火器冲进烟雾腾腾的客房，一场后果不堪设想的火灾避免了。

原来，在这种烟雾报警器中，有一个类似人的嗅觉系统的烟雾传感器，是用一种叫气敏材料做成的敏感元件制造的。气敏材料有一种本事，当它遇到一氧化碳和烟雾一类的气体时，它的电阻值就立即发生变化，人们利用这个特点，把气敏材料做的烟雾报警传感器装在室内，并和一个报警电路连接起来，这样，只要室内的烟雾在空气中的浓度达到预定的报警线时，电路中的电阻就发生变化，并自动接通报警器，发出声响。现在，凡是现代化的大宾馆的客房中都装有烟雾报警器。

英国的运输部门，在出了那次暴风雪中汽车乘客被一氧化碳等废气熏死的惨剧之后，接受了教训，立即委托英国曼彻斯特大学科技学院的研究人员，研制出适合在汽车上使用的"人工鼻"，这种人工鼻和汽车上的一个报警铃相连。当一氧化碳等有毒气体的浓度达到危险程度时，警铃就会发出声响，告诉司机：危险！

这种人工鼻实际上和烟雾报警器很类似，它是把探测一氧化碳等有毒气体的气敏材料传感器和电子线路集中安装在一个只有指甲大小的硅片上。1991 年初，曼彻斯特大学科技学院终于制造出一种人工鼻，约 30 厘米长，在试验中证明，这个人工鼻对有些气体的嗅觉，甚至胜过嗅觉非常灵敏的狗和猪。除了可在汽车上使用外，也可以安装在住宅、工厂和其他车辆中，监测有毒的一氧化碳气体可能对人类造成的危害。

1991 年初，日本索尼公司也制造出一种能分辨臭味的人造鼻。它的嗅觉灵敏度和反应速度几乎同人鼻一样，只要空气中有 $1/10^9$ 克的臭味分子，它在 2 秒钟内就能作出反应，这种能模仿活体鼻子识别臭味的人造鼻是世界首创。其中识别臭味的传感器是用花生酸、二十三烷酸和二十三碳烯酸等 5 种有机酸制成的；制造传感器的材料成分不同时，可以分辨不同臭味分子的含量。

电子纸技术方兴未艾

约 2000 年前，中国东汉人蔡伦发明了造纸术，从此世界文明发生了翻天覆地的变化，中国文明借此曾领先世界 1000 余年。今天，电子纸技术又将给人们的生活带来一场怎样的变革呢?

电子纸技术实际上是一类技术的统称。一般把可以实现像纸一样阅读舒适、超薄轻便、可弯曲、超低耗电的显示技术叫做电子纸技术;而电子纸即是这样一种类似纸张的电子显示器,其兼有纸的优点(如视觉感观几乎完全和纸一样等),又可以像我们常见的液晶显示器一样不断转换刷新显示内容,并且比液晶显示器省电得多。电子纸显示长期以来一直是停留在人们头脑中的幻想,但是随着 20 世纪末以来显示技术方面一系列突破性进展,革命性的电子纸显示技术终于开始走向大众、走向实用。

电子纸的用途相当广泛,第一代产品用于代替常规显示设备,第二代产品包括移动通讯和 PDA 等手持设备显示屏,计划开发的下一代产品定位在超薄型显示器,形成与印刷业有关的应用领域,例如便携式电子书、电子报纸和 IC 卡等,能提供与传统书刊类似的阅读功能和使用属性。长期以来,纸张一直用作信息交换的主要媒介,但图文内容一旦印在纸张上后就不能改变,成为油墨、纸张复制工艺的最大缺点,不能满足现代社会信息快速更新对复制工艺的要求。因此,开发能动态改变的高分辨率显示技术成为人们追逐的目标,要求显示材料很薄,可弯曲,表面结构与纸张类似,从而有条件成为新一代纸张。

电子墨水就属于电子纸科技中的一种。

电子墨水其实是一种新型材料,它是化学、物理学和电子学多学科发展的产物,这种材料可被印刷到任何材料的表面来显示文字或图像信息。

由于电子墨水是一种液态材料,所以被形象地称为电子墨"水"。在这种液态材料中悬浮着成百上千个与人类发丝直径差不多大小的微囊体,每个微囊体由正电荷粒子和负电荷粒子组成。只要采取一定的工艺就能将这种电子墨水印刷到玻璃、纤

超薄的电子纸

维甚至是纸介质的表面上，当然这些承载电子墨水的载体也需要经过特殊的处理，在其内针对每个像素构造一个简单的像素控制电路，这样才能使电子墨水显示我们需要的图像和文字。

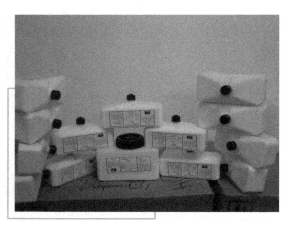

高新的电子墨水

当微囊体两端被施加一个负电场的时候，带有正电荷的白色粒子在电场的作用下移动到电场负极，与此同时，带有负电荷的粒子移动到微囊体的底部"隐藏"起来，这时表面会显示白色。当相邻的微囊体两侧被施加一个正电场时，黑色粒子会在电场的作用下移动到微囊体的顶部，这时表面就显现为黑色。电子墨水技术可以让任何表面都成为显示屏，它让我们完全跳出了原有显示设备的概念束缚，并慢慢渗透到我们生活空间的每一个角落。

但如果电子墨水仅具有可显示这一特性还远远不够，对于一款希望取代纸介质的电子显示设备而言，它必须具有可读性及便携性。

"吸水大王"——高吸水性树脂

一些年轻的父母常为婴幼儿换尿布发愁，尤其在夜间更得辛苦操劳了。现在有一种尿不湿尿布，尿湿后几分钟就干，真可说是名副其实的"尿不湿"，为年轻的父母们带来福音。

这是一种用吸水性特别强的高吸水性树脂制成的尿布，能像海绵吸水那样很快将尿吸干，尿布自然就容易干了。还有一种"尿不湿"纸尿布，即使吸入了相当于2瓶牛奶的1000毫升水，仍能滴水不漏，而且通气性好，对皮肤无副作用。更令年轻妈妈们放心的是，这种纸尿布吸湿后，衬在婴儿臀部的尿布还会自动收缩成皱褶，将婴儿臀部轻轻托起，免去淹浸肌肤之忧，也避免了夜间换尿布的麻烦。

对于失禁的老年病人和生理期的妇女，由这种高吸水性树脂和棉、纸组成的夹层材料，不仅吸收能力强，而且柔软舒适，不会使人有累赘之感。

吸水超强的高吸水性树脂

高吸水性树脂是以淀粉和丙烯酸盐为原料制成的一种吸水性很强的聚合物，竟能吸收相当于自身重量的 500～1000 倍的水分，而且保存水的能力也特别强，即使用力挤压，依然滴水不漏，真可称得上是位"吸水大王"。

这种树脂为什么能大量吸收和保存水分呢？原因就在于树脂中含有像藤条一样的高分子链。在吸水前，这些呈紧密固体状的高分子长链，相互缠绕卷曲，并在一部分链之间形成相互交错的网状结构；遇到水时，在网状结构中的离子由于所带电荷相同，便互相排斥，结果就将高分子链充分地扩展开了。也就是说，这时的网状结构好像一个拉开的大网兜，因而可以吸收和储存大量的水分。

高吸水性树脂容易制作，成本低，因而在医用和食品包装方面得到了广泛的应用。用吸水树脂可制成能吸收伤口渗出液的绷带和能吸收渗血而又便于呼吸的鼻腔用棉塞。此外，还可用它制成外用软膏和人造皮肤。这种人造皮肤和其他材料组合后，具有良好的渗透性和药物保持能力，同时还可防止细菌侵入。由于高吸水性树脂吸水后形成的水膜对人体器官具有润滑和缓冲作用，因而将各种导管和内窥镜涂上高吸水性树脂膜后会减轻病人的痛苦，以便顺利进行诊断和医疗。这种树脂还是制作高级隐形眼镜片的优质材料。常用的人工关节的活动接合面不像天然关节那样经常有渗出的体液润滑，长久使用就会使人工关节产生磨损和掉屑。

现在，日本研制出一种高吸水性树脂水凝胶，将它放在人工关节活动接合面代替软骨膜，就会避免出现上述现象，以保证人工关节的正常活动功能。这种树脂水凝胶的弹性、变形性、复原性和润滑性等功能都与人体组织相仿。

用高吸水性树脂制成的塑料膜是一种很好的保鲜包装材料，用于存放蔬菜、水果，可以长期保持水分和防止溃烂。日本一家电器公司研制成一种接触脱水纸，是由高吸水性树脂、高浓度蔗糖溶液层、半渗透分离膜和不渗水的基板层组成。这种脱水纸真是身手不凡，只要将它的分离膜面与生鱼肉接触，生鱼肉中的水分就会源源不断地向蔗糖中渗透，并被高吸水性树脂膜吸收，仅需一夜的时间，新鲜的生鱼片就变成了生鱼干。这种简便的脱水方法很适用于许多类似食品和蔬菜的加工与封装。

"吸水大王"最引人注目的是用来改造沙漠和防止土地沙漠化。现在，全球每分钟有 10 公顷土地被沙漠吞噬掉。改造沙漠的关键是防止水分的流失，而高吸水性树脂正好具有吸水和保持水分的特殊本领。我国研制成的 SA 吸水树脂，就是一种较理想的农林土壤保水剂，吸水能力高达 200 ~ 500 倍。

科学家们已研制成一种具有很强的吸水保湿功能的高吸水性树脂保湿剂，它是由淀粉和丙烯酸盐形成的高分子聚合物，能吸收相当于自重 500 ~ 1000 倍的水分，其中 95% 可供植物吸收。曾进行过这样的实验：在温室内施用这种保湿剂后，小麦产量提高 15%，大豆产量提高 25%。这充分说明高吸水性树脂保湿剂有可能在未来改造沙漠中发挥重要作用。日本计划开发出一种含高吸水性树脂和有机、无机营养剂的复合保湿剂，供像埃及那样的沙漠缺水地区使用。高吸水性树脂的出现，无疑为人类改造和绿化沙漠增添了一种有效的手段。

神通广大的液晶与液晶纤维

神通广大的液晶

1888 年，奥地利科学家 F·赖尼策尔就发现了液晶这种奇特的物质。说它奇特，是因为它不像普通物质直接由固态晶体熔化成液体，而是经过一个既像晶体又似液体的中间状态，同时它还具有液体和晶体的某些性质，所以人们给它起了个形象的名字——液晶。

液晶的最大特点是，既具有液体的流动性，又具有晶体的各向异性。当液晶的温度上升到一定值后，它就成为普通的透明液体，可以自由流动；而当温度降低到液晶的下限温度后，液晶又变为普通晶体，失去流动性。

在这一转变过程中，有时还伴随着颜色和色调的变化，这就给液晶显露才华提供了舞台。

液晶问世后，由于当时科学技术水平的限制，这种材料并未受到应有的重视。直到 20 世纪 60 年代，它才有了用武之地，开始在电子表和计算器等许多方面大显身手。

1968 年，人们发现液晶对光、磁、电、温度等都非常敏感，即使这些外界作用

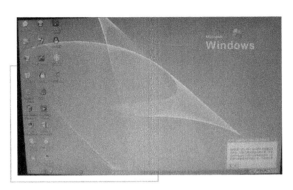

液晶的电脑显示器

因素很微弱，也能使液晶发生相应的变化，如光控开关效应就是它对电敏感所产生的变化结果，现在已广泛用于电子表、计算器和仪表等的显示装置上。

光控开关效应是指液晶具有像电门开关那样，能控制光线从自身通过的本领。如果将液晶夹在两个透明电极板之间，并在电极板下面放有用灯光照射的数字表格。当在透明电极板上接通电路时，电极板下面的一部分光便不能通过，原来有数字部分就会变黑，数字就看不见了；若取掉电压，电极板下面的数字又会显示出来。这也就是电子计算器能显示数字的秘密所在。

液晶为什么能控制光线通过呢？原来，液晶的分子沿一定方向有秩序地排列着，当有电压作用时，就会改变排列方向，引起光线传播方向的改变，阻挡了光线的通过。人们利用液晶的这种特长，制成了各种数字和图像的显示装置。

液晶的显示本领主要用于电子器件的显示上，如电子表、计算器、电视机监控盘、汽车仪表盘的液晶显示器、打印装置的液晶快门和温度计的液晶传感器。这种电光液晶显示器是由贴有透明电极的两片玻璃基板，中间填充液晶组成的。液晶只要受少量的电能的激发，就会发出光来。电子表和计算器的每个数是由 7 条液晶显示器拼成 "8" 字形，它随着接点的变化显示出 0 ~ 9 的数字。

如果将电极板改为矩阵式电极，就可以在平面上显示出图像。由于液晶

显示器都是很薄的器件，不像电视显像管那样要求电子枪保持较大的发射距离，因而可制成很薄的、图像清晰的电视机。一种超薄型可以像画一样挂在墙上的液晶彩色电视机已经问世，它的最小屏幕只有12平方厘米，而最大的屏幕达2平方米，但液晶显示器的厚度仅2.5毫米，真可说是技艺非凡了。

此外，还可以利用液晶显示器显示出的明暗制作快门。用这种快门组合成电子计算机打印输出的印刷头，具有动作快、分辨力强的特点，从信号发生到消失仅需1/1000秒。

利用液晶对光、磁、电、热等都非常敏感的特点，可制成各种液晶传感器。例如，将液晶吸收的光波转换成颜色、温度和压力的变化，制成温度传感器、压力传感器和气敏传感器等。已投入市场销售的新型液晶体温计，比常用的水银体温计好用得多，特别受到儿童们的喜爱。这种体温计是将少量液晶包上一层透明胶质，形成很多的微胶囊，把它们混在油墨里，然后将这种油墨涂在一条塑料带上，就成了能显示温度的液晶带。它有36℃~40℃的5个色标读数，只要把液晶带往患者的脑门一贴，就能很快显示出病人的体温，既简便又快捷。人体各部位的温度实际上是不相同的，但由于温度相差很小，普通的体温计和仪器很难测出来，而液晶体温计却可以毫无遗漏地反映出来。它在升温过程中，液晶的颜色从红色开始，然后逐渐变为绿色、蓝色……最后为紫色。

作为温度传感器，除了制作体温计外，它还有许多特殊的用场。例如，在工厂车间里的加热器上贴上液晶标志，当加热器的外壁温度超过限度时，液晶标志就会显示出"当心烫手"的字样，提醒人们注意。又如，当气温下降，道路结冰时，贴在路旁的液晶路标也会提醒骑车和驾车人员"注意安全"。

通常，微波、红外线、液体和气体的流量和流速的变化，也能引起温度的微弱变化，这些变化也可利用液晶探测器显示出来。另外，人们还制成了一种恒温器液晶开关，它在－30℃~150℃的温度范围内的控制准确度为0.1℃，因而可最大限度地减少恒温器的温度偏差。

液晶在工业生产上可用来进行无损探伤。只要将液晶材料涂在被检验的零件或材料表面，然后将零件或材料加热或冷却，液晶便会显示出不同颜色，从而可直观地探测出零件或材料的裂缝或缺陷。这种方法特别适合于对飞机、导弹和宇宙飞船等的检查。

"梦的纤维"——凯芙拉纤维

液晶的分子排列虽然不像固体结晶那样有序，但也不是像液体那样无序，而是按一定的方向排列着。如果将液晶这种高分子聚合物纺成丝或注射成型，其分子将进一步排定方向，这种分子的排向，一旦冷却即被固定下来，从而可获得性能非凡的纤维、薄膜和塑料制品。例如，性能优异的凯芙拉纤维就是这种液晶产品的典型代表。

凯芙拉纤维的性能赛过钢铁和合金，被人们称为"梦的纤维"。这种液晶纤维的强度是钢的 5 倍、铝的 10 倍、玻璃纤维的 3 倍，能在 −196℃ ~182℃连续使用。它主要用作飞机的结构材料、轮胎帘子线、船体、运动器具、防护服装、缆绳等。例如，美国波音飞机公司的 767 型客机采用了 3 吨凯芙拉纤

采用凯芙拉纤维制成的商品

维与石墨纤维混杂的复合材料，使机身重量减轻了 1 吨，与波音 727 飞机相比，燃料消耗节省 30%。用凯芙拉纤维增强的传送皮带、进料胶管等，比强度相同的钢丝增强材料轻得多，而且厚度薄、不受腐蚀，还具有不可燃、使用安全的特点。以凯芙拉纤维制成的系船缆绳用在液化石油气油船上，不会像钢丝绳那样容易引起火花，从而可避免引起火灾和爆炸的危险，使用安全可靠。

凯芙拉纤维还是目前制作天线塔拉索和支撑用的最理想的材料，因为它不导电也无磁性，意味着它不需要绝缘及专门的天线固定位置；它的强度高和延伸性小，所以能减少塔的偏斜，而且操作和安装都比较容易。法国在蒙得利尔的大型体育馆就使用了凯芙拉涂层织物及凯芙拉绳等，获得了预想的使用效果。

有"知觉"的材料——仿生材料

　　近些年，韩国的一座桥梁在汽车经过时突然断裂，结果连人带车坠入滚滚的江流中，造成严重的人员伤亡，甚至还导致首尔的几名政府官员引咎辞职。这一起轰动世界的事故虽然和政府官员的疏于管理有关，但是，如果桥梁在刚刚出现裂纹还没有断裂之前能自己大喊"哎哟"向人们报警，提醒管理人员，则有可能避免这一起恶性灾难。或者，桥梁更"主动"一点，在出现裂纹后，自己能立即自动修补并加固如初，那也可能避免桥毁人亡的惨剧。也许有人会说，无生命的桥梁会自己喊"哎哟"，能自己修补裂缝，岂不像"天方夜谭"，纯属幻想么？

仿生材料制成的仿生纹台灯

　　现在，世界上差不多每年都要发生几起空难，飞机在天上飞着飞着，有时突然就"倒栽葱"掉了下来。调查结果，除极少数空难是恐怖分子的人为故意破坏外，大多数都是一些关键或要害部位的零部件发生故障和疲劳断裂造成的。于是有人想，要是飞机上的机翼和发动机零件刚一出现裂纹，这些零件能自己大喊"救命"，或许就能提前防范，避免人间惨剧的发生，这似乎也是幻想。无生命的东西怎么能自己报警呢？

　　其实，幻想是人们渴求解决生死存亡等急迫问题的一种强烈的心灵反映，它往往是"发明之母"，是激发人们创造灵感的催化剂。正是这种幻想，导致人们去研究所谓有"感觉"或"知觉"的智能材料。

　　智能材料，其实也可以叫仿生材料。包括我们人类在内的许多生物体，就是天生的智能材料。你一定有过这样的经历：当人的皮肤划破后就会流血，但只要伤口不大，过不了一会儿，流血就会自动止住；再过一段时间，皮肤也会长好，自动"修补"得天衣无缝；骨头折断后，只要对好骨缝，断骨就会自动长在一起。有生命的机体可以自己修补缺陷，无生命的材料能够自我修补裂缝吗？

科学家们认为，在科学技术已相当发达的今天，研究出这种材料已具备一定条件。因此，在进入20世纪90年代后，世界上有相当一批科学家，包括化学家、物理学家、材料学家、机器人专家、系统控制专家、计算机专家、海洋工程和航空航天及其他领域的专家已联合起来，组成了一个研究团体，致力于智能材料的研究。

由于智能材料要能够对环境条件和自我状态的变化做出反应和预警，甚至进行自我诊断和"治疗"，因此它是一种比一般复合材料更复杂的综合系统和结构，它常常是把高技术传感器、敏感元件、传统结构材料、功能材料结合在一起，赋予材料崭新的性能，使无生命的材料变得有"感觉"和"知觉"。

有一种能预警和自动加固的机翼。飞机能飞，主要靠发动机和机翼，如果机翼断裂，就像飞鸟折断了翅膀。因此，在飞行中使机翼自己能"感觉"到将要发生故障，提前向飞行员发出警报并自行加固或修复是防止空难的关键。科学家们现在已着手研究这个问题并已找到很有希望的方法。

方法之一是在高性能的机翼材料中事先嵌入细小的光纤，由于机翼中布满了纵横交错的光纤，它们就能像"神经"那样感受到机翼上受到的不同压力，因为通过测量光纤传输光线时的变化，可以测出飞机机翼承受的不同压力，在受力极端严重的情况下，有些光纤就会断裂，光线传输就会中断，于是就能发出即将出现事故的警告，这就相当于向飞行员喊"哎哟"和"救命"。加拿大多伦多大学光纤智能结构实验室正在研究这种具有自己的"神经系统"的机翼。

但仅能发现问题和发出

能自动加固的机翼

141

报警的材料还不能算高级的智能材料。只有在遇险时自己解决问题的材料才是最理想的。美国密歇根州立大学的穆凯席·甘迪教授领导的一个科研小组就在研究一种能自动加固的直升机水平旋翼叶片，当叶片在飞行中遇到疾风作用而猛烈振动时，叶片为防止过载受损会自动加固。原来，在这种叶片中，事先嵌进了均匀分布的极微小的液滴压电材料，这种压电材料在一定电压条件下能从液体状态变为固体状态而使叶片自动加固，抗御疾风引起的过载破坏。

为了使飞机飞行平稳，美国弗吉尼亚理工学院和州立大学的智能材料研究中心在研究一种能减弱振动的飞机座舱壁纸。他们的设想是在座舱墙壁上装一种薄纸一样的压电材料装置，使墙壁振动的方式正好抵消飞机噪音的振动。如果这种"智能墙纸"研究成功，其用途就可以扩大到民用住宅中。比如，当住宅中的洗衣机等机器发生的噪音令人心烦时，智能墙纸可以使这种噪音减弱。

先进复合材料的应用

材料的复合化是材料发展的必然趋势之一。复合材料是人们运用先进的材料制备技术，将不同性质的材料组分优化组合而成的新材料。复合材料与其他单质材料相比具有高比强度、高比刚度、高比模量、耐高温、耐腐蚀、抗疲劳等优良的性能，倍受各国技术人员的重视。因复合材料具有可设计性的特点，已成为军事工业的一支主力军，复合材料技术是发展高技术武器的物质基础，是现代精良武器装备的关键。目前军用复合材料正向高功能化、超高能化、复合轻量和智能化的方向发展，加速复合材料在航空工业、航天工业、兵器工业和舰船工业中的应用是打赢现代高技术局部战争的有力保障。

在军事应用中结构复合材料与功能复合材料的应用是最广泛的。其中结构复合材料在军事领域的应用如下。

树脂基纤维复合材料

树脂基纤维复合材料是以纤维为增强体、树脂为基体的复合材料，所用的纤维有碳纤维、芳纶纤维、超高模量聚乙烯纤维等，基体一般为热固性聚合物和热塑性聚合物两类。

先进的树脂基复合材料具有优异的力学性能和明显的减重效果在飞机等现代化武器领域和到普遍应用，美国的 F－22 机身蒙皮全都是高强度、耐高温的树脂基复合材料，其中热固性复合材料用量高达 23％。F－119 发动机用树脂基复合材料取代钛合金制造风扇送气机区，可节省结构重量 6.7 千克；用树脂基复合材料风扇叶片取代现在的钛合金空心风扇叶片，减轻结构重量的 30％。先进树脂基复合材料还可用于制造飞机的"机敏"结构，使承载结构、传感器和操纵系统合为一体，从而可以探测飞机飞行状态和部件的完整性，自行调节控制部件，提高飞机的飞行性能，降低维修费用，保证飞机安全。树脂基复合材料的应用已由小型、简单的次承力构件发展到大型、复杂的主要承力构件；从单一的构件发展到结构/吸波、结构/透波、结构/防弹等多功能一体化结构。

聚氰酸脂复合材料是先进树脂基复合材料的新类型，它的吸湿率低，具有优异的耐湿热性能，电性能尤其突出，主要用于雷达天线罩的制造。聚醚醚酮与碳纤维或芳酰胺纤维热压成型的复合材料强度可达 1.8 吉帕，模量为 120 吉帕，热变形温度为 300℃，在 200℃ 以下保持良好的力学性能，还具有阻燃性和抗辐射性，可用于机翼、天线部件和雷达罩等。芳纶纤维增强树脂基复合材料可用于火箭固体发动机壳体；由于芳纶具有良好的冲击吸收能，已用于防弹头盔和防穿甲弹坦克；还可用作防弹背心的防弹插板，插于防弹背心的前片和后片，以提高这些部位的防弹能力；同时也是防弹运钞车装甲的首选材料。聚丙烯腈基复合材料具有强度高、刚度高、耐疲劳、重量轻等优点，美国的 AV－8B 垂直起降飞机采用这种材料后重量减轻了 27％，F－18 战斗机减轻了 10％。

金属基复合材料

金属基复合材料是以金属或合金为基体，含有增强体或分的复合材料。金属基复合材料弥补了树脂基复合材料耐热性差（一般不超过 300℃）、不能满足材料导电和导热性能的不足，以其高比强度、高比模量、良好的高温性能、低的热膨胀系数、良好的导电导热性和尺寸稳定性在军事工业中得到广泛应用。金属基体主要有铝、镁、铜、钛、超耐热合金和难熔合金等多种金属材料，增强体一般可分为纤维、颗粒和晶须三类。

未来高技术战争，首先是信息技术的战争，随着电子技术的进步，电子芯片的集成度将越来越高，这就要求电子封装材料必须满足芯片的散热问题，研究表明碳化硅颗粒增强铝基复合材料具有高导热性能和代热膨胀

金属基复合材料

系数，且价格便宜，是一种非常有前景的电子封装材料。同时碳化硅颗粒增强铝基复合材料具有良好的高温性能和抗磨损的特点，可用于火箭、导弹构件，红外及激光制导系统构件，精密航空电子器件等。颗粒增强铝基复合材料已用于 F－16 战斗机

腹鳍，以代替铝合金，其刚度和寿命大幅度提高。奥格登空军后勤中心评估结果表明：铝基复合材料腹鳍的采用，可以大幅度降低检修次数，全寿命节约检修费用达 2600 万美元，并使飞机的机动性得到提高。此外，F－16 上部机身有 26 个可活动的燃油检查口盖，其寿命只有 2000 小时，并且每年都要检查 2～3 次。采用了碳化硅颗粒增强铝基复合材料后，刚度提高 40%，承载能力提高 28%，预计平均翻修寿命可高于 8000 小时，寿命提高幅度达 17 倍。颗粒增强金属基复合材料耐磨性极好，可作为火箭的飞行翼、箭头、箭体、结构材料，也可作飞机发动机中的耐热耐磨部件。

陶瓷基复合材料

陶瓷基复合材料是在陶瓷基体中引入第二相组元构成的多相材料，它克服了陶瓷材料固有的脆性，已成为当前材料科学研究中最为活跃的一个方面，由微米级陶瓷复合材料发展到纳米级陶瓷复合材料。陶瓷基复合材料的基体有陶瓷、玻璃和玻璃陶瓷，主要的增强体是晶须和颗粒。陶瓷基复合材料

陶瓷基复合材料

具有密度低、抗氧化、耐热、比强度和比模量高、热机械性能和抗热震冲击性能好的特点，工作温度在1250℃~1650℃，可用作高温发动机的部件，是未来军事工业发展的关键支撑材料之一。陶瓷材料的高温性能虽好，但其脆性大。改善陶瓷材料脆性的方法包括相变增韧、微裂纹增韧、弥散金属增韧和连续纤维增韧等。

碳基复合材料是以碳为基体、碳或其他物质为增强体组合成的复合材料。主要的碳—碳复合材料是耐温最高的材料，其强度随温度升高而增加，在2500℃左右达到最大值，同时它具有良好的抗烧蚀性能和抗热震性能，可耐受高达10000℃的驻点温度，在非氧化气氛下其温度可保持到2000℃以上，已成功地用地导弹鼻锥、航天飞机飞锥和机翼前缘、火箭发动机喷管喉衬等部位。

碳基复合材料

目前先进的碳－碳喷管材料密度为1.87~1.97克/立方厘米，环向拉伸强度为75~115兆帕，远程洲际导弹端头帽几乎都采用了碳—碳复合材料，美国战略导弹弹头的防热材料已由三向C/C发展为细编穿刺C/C（端头部分）和C/酚醛（大面积防热部分）。随着现代航空技术的发展，飞机装载质量不断增加，飞行着陆速度不断提高，对飞机的紧急制动提出了更高的要求，碳－碳复合材料质量轻、耐高温、吸收能量大、磨擦性能好，用它制作刹车片广泛用于高速军用飞机中。20世纪90年代，德国与法国合作制成的"虎"式直升机旋翼桨毂由两块碳纤维复合材料星形板组成；美国的RAH－66"科曼奇"直升机身采用碳纤维复合材料；美国将火箭发动机金属壳体改用石墨纤维复合材料后其重量减轻了很多，并大大降低了研制成本。

人类的新能源

自从原始人懂得使用火以后，能源就成了人类文明的重要物质基础。到了近代，能源技术出现了三次重大突破，即蒸汽机、电力和原子能的发明及应用。这三次突破，成为推动社会生产力飞跃发展的巨大动力。

新世纪能源浅析

在近代，世界能源结构有过两次大的转变：第一次是从 18 世纪开始从薪柴转向煤；第二次是从 20 世纪 20 年代开始，从煤转向石油和天然气。现在，世纪能源正在经历着第三次大转变，就是从石油和天然气逐步转向新能源。

煤、石油、天然气都是不能再生的矿物燃料，用去一点就会少一点，总有一天会被全部用完。另一方面，新技术革命的兴起带来了许多新的生产体系，相应地对能源系统也提出了新的要求，其中特别是要求尽可能地采用可以再生的、分散的、多样化的能源。因此专家们认为，新能源是世界新的产业革命的动力，是未来世界能源系统的基础。换句话说，新能源必将成为未来世界能源舞台上的主角。

石油井

据专家们预测，大约再过半个

世纪，也就是到 21 世纪中叶前后，核能、太阳能将成为世界能源系统的支柱。

今天的人类已步入信息时代。今天的能源，已经今非昔比，已经不是指某一两种单一的物质，而是汇合煤、石油、天然气、水力、核能、太阳能、地热能、风能、海洋能以及沼气能、氢能、电能等的总称。

新世纪能源

能源的分类

能源的分类方法很多。通常把直接来自自然界而未经加工转换的能源，如煤、石油、天然气、生物燃料、油页岩、水能、核能、太阳能和海洋能等，叫做一次能源；而把从一次能源直接或间接转化而来的能源，如煤气、汽油、电能、蒸汽、沼气、氢能和激光等，叫做二次能源。

根据不同的使用情况，还可以把能源分为燃料能源和非燃料能源。燃料能源包括矿物燃料（如煤、石油、天然气等）、生物燃料（如沼气、柴草、有机废物等）、化工燃料（如甲醇、丙烷、酒精等）和核燃料（如铀、钍、钚、氘等）；非燃料能源包括风能、水能、潮汐能、地热能、太阳能和激光等。

还可以把一次能源划分为可再生能源和非再生能源。所谓可再生能源，是指它不会随其本身的转化或者人类的利用而逐渐减少的能源，就是说它具有天然的自我恢复能力。像水能、风能、地热能和太阳能等，它们都可以源源不断地从自然界中得到补充，都是典型的可再生能源。而非再生能源正好与此相反，用去一点就会少一点，越用越少，不能再生。像煤、石油、天然气和核燃料等，都是典型的非再生能源。

从总体上说，目前世界上所使用的能源仍是以煤、石油、天然气等非再生能源为主。这些非再生能源总有一天是要用完的，加之它们在燃烧时污染环境，并且热能的利用率不高，因此目前世界各国都在加紧研究开发新能源，以满足日益增长的社会经济发展的需求。

能源是社会经济发展的"火车头"。

自古以来，人类就为改善自身的生存条件，为促进社会经济的发展，而不停地进行奋斗。在这一过程中，能源一直扮演着极其重要的角色。从世界社会经济发展的历史和现状来看，能源问题已成为社会经济发展中一个具有战略意义的问题。能源的消耗水平，已成为衡量一个国家国民经济发展和人民生活水平的重要标志。随着现代社会生产力的发展和人民生活水平的提高，商品能源消耗的增长速度大大超过了人口的增长速度。1975年，世界人口比1925年增加了1倍，而世界商品能源的总消耗量增长了4.5倍。这种增长目前仍呈上升趋势。

能源问题对社会经济发展起着决定性的作用。20世纪50～70年代，由于中东廉价石油的大量供应，导致整个资本主义世界经济的飞速发展。而1973年中东战争爆发以后，由于中东各国限制石油产量，提高石油价格，带来了资本主义世界长时间的经济危机。争夺能源，成了持续8年之久的两伊冲突及1991年春天震惊世界的海湾战争等一系列国际争端的导火索。

根据国际能源专家的预测，地球上蕴藏的煤炭将在今后200年内开采完毕，石油将在今后三四十年内告罄，天然气也只能再维持五六十年。可见，能源问题必将成为长期困扰人类生存和社会发展的一个主要问题。

国际经济界提供的分析统计数据表明，由于能源短缺而造成的国民经济损失，相当于能源本身价值的20～60倍。1975年，美国由于短缺1.16亿吨标准煤，使得其国民生产总值减少了930亿美元；日本由于短缺0.6亿吨标准煤，导致其国民生产总值减少了485亿美元。1988年，我国由于缺电而导致国民生产总值减少了2000亿元人民币，这个数目相当于这一年我国国民生产总值的1/6。无怪乎人们把能源比作社会经济发展的"火车头"。

我国能源问题及其对策

我国"四化"建设的前景，在很大程度上取决于能源的充分供应和有效利用。然而，我国能源业正面临着严峻的挑战，主要存在以下几个方面的问题。

（1）人均资源相对不足。

我国已探明的现有能源储量仅为世界人均值的1/2，且分布极不均衡，在东部经济发展较快地区只拥有能源储量的1/3左右，而对西部能源的开发又受到经济、技术、社会、环境等诸多因素的制约，难度较大。目前我国一方面是人均能耗很低（不及世界平均值的1/3），而另一方面又是世界上单位产值耗能最高的国家之一。这是一个很大的矛盾，而解决这个矛盾的唯一出路是依靠科技进步。

（2）煤炭在商品能源中所占比例太大。

以1988年为例，在我国商品能源消费中，煤炭占76.1%，石油占17.1%，天然气占2.1%，水能占4.7%。这种以煤炭为主体的能源结构，不仅导致运输紧张，能源利用效率低，而且对环境的污染也比较严重。

（3）一次能源转换成电力的比例很低。

目前我国一次能源转换成电力的比例还不到25%，而工业化国家平均已达40%以上。目前我国大陆家庭的平均用电量还不及美国的1%，也不及我国台湾地区的4%。电气化程度太低，已经成为影响我国科技进步和社会发展的一个重要制约因素。

（4）农业耗能高所带来的能源危机。

我国单位面积粮食作物的能源投入量，已经超过以"石油农业"而著称的美国。对于这种高能耗、低效益的农业生产，如果不进行科学的改造，是难以不断提高12亿人口的食物供应水平的。广大乡镇企业能源浪费严重，其能源利用率只及国营大中型企业的1/2左右。我国农村人口近10亿，其中3/4以上农村人口的生活用能仍然是依靠柴草。目前全国每年砍伐的薪柴接近3000万吨。我国森林的年生长率为3亿立方米，而年消耗量却达到4亿立方米。森林减少所造成的后果是令人担忧的，它导致水土流失、草原沙化、土壤肥力减退，使生态环境恶化。

到20世纪末，我国能源的需求量达17亿~20亿吨标准煤，比90年代初10亿吨的水平大致要翻一番。到20世纪末，我国能源的实际供应量大约只能达到14亿吨标准煤。可见，到20世纪末，我国出现相当大的能源供应缺口。我国的"四化"建设，正是在这种能源短缺、能源结构不够合理、能源需求量迅速增长的条件下进行的。构成我国能源的格局虽然与工业发达国家不尽相同，但在依靠科技进步这一点上却是共同的。

人类文明的新曙光——新型能源

解决能源问题的根本出路在哪里？说到底只有一句话——必须依靠高新科技。无论是节约能源还是开发新能源，都离不开高新科技。

从 20 世纪 70 年代后期起，受到两次石油危机冲击的西方工业化国家，在注重开发新能源的同时，开始重视节约能源，大力采用高新科技改造传统能源工业。美、英等国煤炭工业的劳动生产率近 10 多年来都得到了显著提高，煤炭的生产成本大幅度下降。随着微电子技术的发展，涌现出大量的节能型生产机具及其他节能型民用产品，获得了显著的节能效益。几个主要西方工业化国家在 1978～1987 年的 10 年间，人均国民经济生产总值增长了 25%，而人均能源消耗只增加了 1.7%。

80 年代以来，各主要工业化国家竞相发展新能源技术，它们投入了大量的人力、物力、财力致力于新能源的研究开发，并已取得了长足的进展。美国、法国、俄罗斯、日本等国竞相发展核电技术，核电在这些国家的能源构成中所占的比重不断上升。其中法国一马当先，它的核电已占总发电量的 70% 以上。在美国的"战略防御计划"（即"星球大战"）、西欧的"尤里卡计划"、日本的"人类新领域研究计划"以及俄罗斯的"加速发展战略"中，其新型能源的研究开发都占有极其重要的地位。通过最近一二十年来新能源技术的发展，已经打破了以煤、石油、天然气为主体的传统能源观念，开创了以核能、太阳能等新型能源为主要标志的新能源时代。新能源时代的到来，标志着人类文明的新曙光。

回顾与展望

回顾人类几千年的文明发展史，从火的发明和燃烧薪柴开始，人类才完全区别于其他动物而可以熟食和取暖，并且从此逐步增强了抗御恶劣自然环境的能力而得以世代繁衍进步。

从人类社会发展的进程来看，每次能源变革，都无一例外地把人类社会推向一个新的发展阶段。例如：煤炭的大量开采利用，迎来了蒸汽机的发明和工业革命；石油的开采，使人类开始利用内燃机，诞生了汽车、飞机等现代化交通工具，同时石油化工业为人类社会创造了许多新型材料；核能的开发利用，把人类社会带入了原子时代……这一切都雄辩地表明，人类社会的文明进步与能源技术的发展是息息相关的。

现在，人类社会又面临一个新的过渡时期，即由以化石能源（煤、石油、天然气等）为主的常规能源过渡到以可再生能源（太阳能、海洋能、生物质能、风能、水能、地热能、氢能等）及核能为主的新能源时期。

1992 年 9 月在西班牙首都马德里召开的第 15 届世界能源大会上，提出了"能源与生命"的响亮口号。世界各国的有识之士都在大声疾呼，呼吁各国政府尽可能限制化石能源消耗量的增长，并大力发展可再生能源。据欧共体国家统计，在这些国家中若能以可再生能源取代目前所用化石燃料发电量的 1%，那么每年将可减少 1500 万吨二氧化碳的排放量，仅这一项所带来的环境效益就是十分惊人的。

专家们预计，在今后二三十年内，将是新能源（包括核能和可再生能源）技术大发展的时期。根据世界能源会议的有关资料，目前世界新能源的开发总量大约是 1.5 亿吨油当量，预计到 2020 年将达到 15 亿吨油当量。

专家们还预计，在今后 30 年中，拉丁美洲和中国及太平洋地区可再生能源的发展比重最大，约占世界总量的 45%；其次为北美和中南亚地区，约占世界总量的 25%。而从新能源技术的发展来看，北美、拉美和中国及太平洋地区的发展潜力最大，约占世界新能源发展总量的 65% 以上。

我国作为一个人口众多的发展中国家，尽管拥有相当数量的煤和石油资源，也拥有一些天然气资源，但是按人均值来计算，我国在世界上仍属于贫能国。在当前经济迅猛发展、能耗直线上升而环境问题日趋严峻的形势下，我国更是特别需要有一个长远的能源发展战略，要在厉行节能的前提下，采取多能互补的政策，特别要下大力气开发利用新能源和可再生能源。

从长远来看，人类要在这个星球上长期生存和繁衍下去，就非大力发展可再生能源不可。因为化石能源不可能永远利用下去，只有可再生能源才是取之不尽、用之不竭的。近代物理学和天文学已经充分证明，以天体物理运动所发出的能量为基础的可再生能源，实际上是无限的，它能与日月同辉，和宇宙共存。

新能源概述

新能源又称非常规能源，是指传统能源之外的各种能源形式，指刚开始开发利用或正在积极研究、有待推广的能源，如太阳能、地热能、风能、海洋能、生物质能和核聚变能等。

能源问题

分类

新能源的各种形式都是直接或者间接地来自于太阳或地球内部伸出所产生的热能。包括了太阳能、风能、生物质能、地热能、核聚变能、水能和海洋能以及由可再生能源衍生出来的生物燃料和氢所产生的能量。也可以说，新能源包括各种可再生能源和核能。相对于传统能源，新能源普遍具有污染少、储量大的特点，对于解决当今世界严重的环境污染问题和资源（特别是化石能源）枯竭问题具有重要意义。同时，由于很多新能源分布均匀，对于解决由能源引发的战争也有着重要意义。

据世界专家断言，石油、煤矿等资源将加速减少，核能、太阳能即将成为主要能源。

联合国开发计划署（UNDP）把新能源分为以下三大类：大中型水电；新可再生能源，包括小水电、太阳能、风能、现代生物质能、地热能、海洋能（潮汐能）；穿透生物质能。

一般地说，常规能源是指技术上比较成熟且已被大规模利用的能源，而新能源通常是指尚未大规模利用、正在积极研究开发的能源。因此，煤、石油、天然气以及大中型水电都被看作常规能源，而把太阳能、风能、现代生物质能、地热能、海洋能以及核能、氢能等作为新能源。随着技术的进步和可持续发展观念的树立，过去一直被视作垃圾的工业与生活有机废弃物被重新认识，作为一种能源资源化利用的物质而受到深入的研究和开发利用，因此，废弃物的资源化利用也可看作是新能源技术的一种形式。

新近才被人类开发利用、有待于进一步研究发展的能量资源称为新能源，相对于常规能源而言，在不同的历史时期和科技水平情况下，新能源有不同的内容。当今社会，新能源通常指核能、太阳能、风能、地热能、氢气等。

按类别可分为太阳能、风力发电、生物质能、生物柴油、燃料乙醇、新能源汽车、燃料电池、氢能、垃圾发电、建筑节能、地热能、二甲醚、可燃冰等。

新能源概况

据估算，每年辐射到地球上的太阳能为17.8亿千瓦，其中可开发利用500亿～1000亿度。但因其分布很分散，目前能利用的甚微。地热能资源指陆地下5000米深度内的岩石和水体的总含热量。其中全球陆地部分3千米深度内、150℃以上的高温地热能资源为140万吨标准煤，目前一些国家已着手商业开发利用。世界风能的潜力约3500亿千瓦，因风力断续分散，难以经济地利用，今后输能储能技术如有重大改进，风力利用将会增加。海洋能包括潮汐能、波浪能、海水温差能等，理论储量十分可观。限于技术水平，现尚处于小规模研究阶段。当前由于新能源的利用技术尚不成熟，故只占世界所需总能量的很小部分，今后有很大发展前途。

常见新能源形式概述

太阳能

太阳能一般指太阳光的辐射能量。太阳能的主要利用形式有太阳能的光热转换、光电转换以及光化学转换三种主要方式。

广义上的太阳能是地球上许多能量的来源，如风能、化学能、水的势能等由太阳能导致或转化成的能量形式。

利用太阳能的方法主要有：太阳电能池，通过光电转换把太阳光中包含的能量转化为电能；太阳能热水器，利用太阳光的热量加热水，并利用热水发电等。

太阳能可分为三种：

①太阳能光伏——光伏板组件是一种暴露在阳光下便会产生直流电的发电装置，由几乎全部以半导体物料（例如硅）制成的薄身固体光伏电池组成。由于没有活动的部分，故可以长时间操作而不会导致任何损耗。简单的光伏电池可为手表及计算机提供能源，较复杂的光伏系统可为房屋照明，并为电网供电。光伏板组件可以制成不同形状，而组件又可连接，以产生更多电力。近年，天台及建筑物表面均会使用光伏板组件，甚至被用作窗户、天窗或遮蔽装置的一部分，这些光伏设施通常被称为附设于建筑物的光伏系统。

②太阳热能——现代的太阳热能科技将阳光聚合，并运用其能量产生热水、蒸气和电力。除了运用适当的科技来收集太阳能外，建筑物亦可利用太阳的光和热能，方法是在设计时加入合适的装备，例如巨型的向南窗户或使用能吸收及慢慢释放太阳热力的建筑材料。

③太阳光合能——植物利用太阳光进行光合作用，合成有机物。因此，可以人为模拟植物光合作用，大量合成人类需要的有机物，提高太阳能利用效率。

核能

核能是通过转化其质量从原子核释放的能量，符合阿尔伯特·爱因斯坦的方程 $E = mc^2$；其中 E = 能量，m = 质量，c = 光速常量。核能的释放主要有 3 种形式：

①核裂变能——所谓核裂变能是通过一些重原子核（如铀－235、铀－238、钚－239 等）的裂变释放出的能量。

②核聚变能——由 2 个或 2 个以上氢原子核（如氢的同位素——氘和氚）结合成 1 个较重的原子核，同时发生质量亏损释放出巨大能量的反应叫做核聚变反应，其释放出的能量称为核聚变能。

③核衰变——核衰变是一种自然的慢得多的裂变形式，因其能量释放缓慢而难以加以利用。

核能的利用存在的主要问题：

①资源利用率低；

②反应后产生的核废料成为危害生物圈的潜在因素，其最终处理技术尚未完全解决；

③反应堆的安全问题尚需不断监控及改进；

④核不扩散要求的约束，即核电站反应堆中生成的钚－239受控制；

⑤核电建设投资费用仍然比常规能源发电高，投资风险较大。

海洋能

海洋能指蕴藏于海水中的各种可再生能源，包括潮汐能、波浪能、海流能、海水温差能、海水盐度差能等。这些能源都具有可再生性和不污染环境等优点，是一项亟待开发利用的具有战略意义的新能源。

波浪发电，据科学家推算，地球上波浪蕴藏的电能高达90万亿度。目前，海上导航浮标和灯塔已经用上了波浪发电机发出的电来照明。大型波浪发电机组也已问世。我国在也对波浪发电进行研究和试验，并制成了供航标灯使用的发电装置。

潮汐发电，据世界动力会议估计，到2020年，全世界潮汐发电量将达到1000亿～3000亿千瓦。世界上最大的潮汐发电站是法国北部英吉利海峡上的朗斯河口电站，发电能力24万千瓦，已经工作了30多年。中国在浙江省建造了江厦潮汐电站，总容量达到3000千瓦。

风能

风能是太阳辐射下流动所形成的。风能与其他能源相比，具有明显的优势，它蕴藏量大，是水能的10倍，分布广泛，永不枯竭，对交通不便、远离主干电网的岛屿及边远地区尤为重要。

风力发电，是当代人利用风能最常见的形式，自19世纪末，丹麦研制成风力发电机以来，人们认识到石油等能源会枯竭，才重视风能的发展，利用风来做其他的事情。

1977年，联邦德国在著名的风谷——石勒苏益格—荷尔斯泰因州的布隆坡特尔建造了一个世界上最大的发电风车。该风车高150米，每个浆叶长40米，重18吨，用玻璃钢制成。到1994年，全世界的风力发电机装机容量已达到300万千瓦左右，每年发电约50亿千瓦时。近年来，全世界风能

发电机的装机容量迅速增加。据统计，全球风能发电总量，1995 年为 4800
兆瓦；2005 年增至 5900 兆瓦；2007 年超过 7000 兆瓦。

生物质能

生物质能来源于生物质，也是太阳能以化学能形式贮存于生物中的一
种能量形式，它直接或间接地来源于植物的光合作用。生物质能是贮存的
太阳能，更是一种唯一可再生的碳源，可转化成常规的固态、液态或气态
的燃料。地球上的生物质能资源较为丰富，而且是一种无害的能源。地球
每年经光合作用产生的物质有 1730 亿吨，其中蕴含的能量相当于全世界能
源消耗总量的 10 ~ 20 倍，但目前的利用率不到 3%。

生物质能利用现状：

2006 年底全国已经建设农村户用沼气池 1870 万口，生活污水净化沼气
池 14 万处，畜禽养殖场和工业废水沼气工程 2000 多处，年产沼气约 90 亿
立方米，为近 8000 万农村人口提供了优质生活燃料。

中国已经开发出多种固定床和流化床气化炉，以秸秆、木屑、稻壳、
树枝为原料生产燃气。2006 年用于木材和农副产品烘干的有 800 多台，村
镇级秸秆气化集中供气系统近 600 处，年生产生物质燃气 2000 万立方米。

地热能

地球内部热源可来自重力分异、潮汐摩擦、化学反应和放射性元素衰
变释放的能量等。放射性热能是地球主要热源。我国地热资源丰富，分布
广泛，已有 5500 处地热点，地热田 45 个，地热资源总量约 320 万兆瓦。

氢能

在众多新能源中，氢能以其重量轻、无污染、热值高、应用面广等独
特优点脱颖而出，将成为 21 世纪最理想的新能源。氢能可应用于航天航空、
汽车的燃料等高热行业。

海洋渗透能

如果有两种盐溶液，一种溶液中盐的浓度高，一种溶液的浓度低，那
么把两种溶液放在一起并用一种渗透膜隔离后，会产生渗透压，水会从浓

度低的溶液流向浓度高的溶液。江河里流动的是淡水，而海洋中存在的是咸水，两者也存在一定的浓度差。在江河的入海口，淡水的水压比海水的水压高，如果在入海口放置一个涡轮发电机，淡水和海水之间的渗透压就可以推动涡轮机来发电。

海洋渗透能是一种十分环保的绿色能源，它既不产生垃圾，也没有二氧化碳的排放，更不依赖天气的状况，可以说是取之不尽，用之不竭。而在盐分浓度更大的水域里，渗透发电厂的发电效能会更好，比如地中海、死海、我国盐城市的大盐湖、美国的大盐湖。当然发电厂附近必须有淡水的供给。据挪威能源集团的负责人巴德·米克尔森估计，利用海洋渗透能发电，全球范围内年度发电量可以达到16000亿度。

水能

水能是一种可再生能源，是清洁能源，是指水体的动能、势能和压力能等能量资源。广义的水能资源包括河流水能、潮汐水能、波浪能、海流能等能量资源；狭义的水能资源指河流的水能资源。是常规能源，一次能源。水不仅可以直接被人类利用，它还是能量的载体。太阳能驱动地球上水循环，使之持续进行。地表水的流动是重要的一环，在落差大、流量大的地区，水能资源丰富。随着矿物燃料的日渐减少，水能是非常重要且前景广阔的替代资源。目前世界上水力发电还处于起步阶段。河流、潮汐、波浪以及涌浪等水运动均可以用来发电。

新能源的发展现状和趋势

部分可再生能源利用技术已经取得了长足的发展，并在世界各地形成了一定的规模。目前，生物质能、太阳能、风能以及水力发电、地热能等的利用技术已经得到了应用。

国际能源署（IEA）对2000～2030年国际电力的需求进行了研究，研究表明，来自可再生能源的发电总量年平均增长速度将最快。IEA的研究认为，在未来30年内非水利的可再生能源发电将比其他任何燃料的发电都要增长得快，年增长速度近6%。在2000～2030年间其总发电量将增加5倍，到2030年，它将提供世界总电力的4.4%，其中生物质能将占其中的80%。

目前可再生能源在一次能源中的比例总体上偏低，一方面是与不同国家的重视程度与政策有关，另一方面与可再生能源技术的成本偏高有关，尤其是技术含量较高的太阳能、生物质能、风能等据 IEA 的预测研究，在未来 30 年可再生能源发电的成本将大幅度下降，从而增加它的竞争力。可再生能源利用的成本与多种因素有关，因而成本预测的结果具有一定的不确定性。但这些预测结果表明了可再生能源利用技术成本将呈不断下降的趋势。

我国政府高度重视可再生能源的研究与开发。国家经贸委制定了新能源和可再生能源产业发展的"十五"规划，并制定颁布了《中华人民共和国可再生能源法》，重点发展太阳能光热利用、风力发电、生物质能高效利用和地热能的利用。近年来在国家的大力扶持下，我国在风力发电、海洋能潮汐发电以及太阳能利用等领域已经取得了很大的进展。

新能源（或称可再生能源更贴切）主要有太阳能、风能、地热能、生物质能等。生物质能在经过了几十年的探索后，国内外许多专家都表示这种能源方式不能大力发展，它不但会抢夺人类赖以生存的土地资源，更将会导致社会不健康发展；地热能的开发和空调的使用具有同样特性，如大规模开发必将导致区域地面表层土壤环境遭到破坏，必将引起再一次生态环境变化；而风能和太阳能对于地球来讲是取之不尽、用之不竭的健康能源，它们必将成为今后替代能源主流。

太阳能发电具有布置简便以及维护方便等特点，应用面较广，现在全球装机总容量已经开始追赶传统风力发电，在德国甚至接近全国发电总量的 5% ~8%，随之而来的问题令我们意想不到，太阳能发电的时间局限性导致了对电网的冲击，如何解决这一问题成为能源界的一大困惑。

风力发电在 19 世纪末就开始登上历史的舞台，在 100 多年的发展中，一直是新能源领域的独孤求败，由于它造价相对低廉，成了各个国家争相发展的新能源首选，然而，随着大型风电场的不断增多，占用的土地也日益扩大，产生的社会矛盾日益突出，如何解决这一难题，成了我们又一困惑。

在 2001 年，MUCE 就为了开拓稳定的海岛通信电源而开展一项研究，经过 6 年多研究和实践，终于将一种成熟的新型应用方式 MUCE 风光互补系统向社会推广，这种系统采用了我国自主研制的新型垂直轴风力发电机（H 型）和太阳能发电进行 10∶3 的结合，形成了相对稳定的电力输出。在建筑上、野外、通信基站、路灯、海岛均进行了实际应用，获得了大量可靠的使用数据。这一系统的研究成果将为我国乃至世界的新能源发展带来了新的动力。

新型垂直轴风力发电机（H 型）突破了传统的水平轴风力发电机启动风速高、噪音大、抗风能力差、受风向影响等缺点，采取了完全不同的设计理论，采用了新型结构和材料，达到微风启动、无噪音、抗 12 级以上台风、不受风向影响等性能，可大量用于别墅、多层及高层建筑、路灯等中小型应用场合。以它为主建立的风光互补发电系统，具有电力输出稳定、经济性高、对环境影响小等优点，也解决了太阳能发展中对电网冲击等影响。

随着能源危机日益临近，新能源已经成为今后世界上的主要能源之一。其中太阳能已经逐渐走入我们寻常的生活，风力发电偶尔可以看到或听到，可是它们作为新能源如何在实际中去应用？新能源的发展究竟会是怎样的格局？这些问题将是我们在今后很长时间里需要探索的。

新能源的环境意义和能源安全战略意义

我国能源需求的急剧增长打破了我国长期以来自给自足的能源供应格局，自 1993 年起我国成为石油净进口国，且石油进口量逐年增加，使得我国加入世界能源市场的竞争。由于我国化石能源尤其是石油和天然气生产量的相对不足，未来我国能源供给对国际市场的依赖程度将越来越高。

国际贸易存在着很多的不确定因素，国际能源价格有可能随着国际和平环境的改善而趋于稳定，但也有可能随着国际局势的动荡而波动。今后国际石油市场的不稳定以及油价波动都将严重影响我国的石油供给，对经济社会造成很大的冲击。大力发展可再生能源可相对减少我国能源需求中化石能源的比例和对进口能源的以来程度，提高我国能源、经济安全。

此外，可再生能源与化石能源相比最直接的好处就是其环境污染少。

未来的几种新能源

波能

即海洋波浪能。这是一种取之不尽、用之不竭的无污染可再生能源。

据推测，地球上海洋波浪蕴藏的电能高达 9×10^4 瓦特。近年来，在各国的新能源开发计划中，波能的利用已占有一席之地。尽管波能发电成本较高，需要进一步完善，但目前的进展已表明了这种新能源潜在的商业价值。日本的一座海洋波能发电厂已运行 8 年，电厂的发电成本虽高于其他发电方式，但对于边远岛屿来说，可节省电力传输等投资费用。目前，美国、英国、印度等国家已建成几十座波能发电站，且均运行良好。

可燃冰

这是一种甲烷与水结合在一起的固体化合物，它的外型与冰相似，故称"可燃冰"。可燃冰在低温高压下呈稳定状态，冰融化所释放的可燃气体相当于原来固体化合物体积的 100 倍。据测算，可燃冰的蕴藏量比地球上的煤、石油和天然气的总和还多。

煤层气

煤在形成过程中由于温度及压力增加，在产生变质作用的同时也释放出可燃性气体。从泥炭到褐煤，每吨煤产生 68 立方米气；从泥炭到肥煤，每吨煤产生 130 立方米气；从泥炭到无烟煤每吨煤产生 400 立方米气。科学家估计，地球上煤层气可达 2000 立方米。

微生物

世界上有不少国家盛产甘蔗、甜菜、木薯等，利用微生物发酵，可制成酒精，酒精具有燃烧完全、效率高、无污染等特点，用其稀释汽油可得到"乙醇汽油"，而且制作酒精的原料丰富，成本低廉。据报道，巴西已改装"乙醇汽油"或酒精为燃料的汽车达几十万辆，减轻了大气污染。此外，利用微生物可制取氢气，以开辟能源的新途径。

能发电的"双嘴怪兽"

在日本关西电力公司的一个电厂里，有一套奇特的发电设备。它不像常规的火力发电设备需要把燃料放到锅炉里燃烧，让水变成蒸汽来推动汽轮发电机组运转。它仿佛是长着两张嘴的怪兽，一张嘴不停地吃进燃料，另一张嘴不停地吞下空气，就能直截了当地，而且悄无声响地发出高达69.7151万千瓦时的电来。

这种设备的正式名称叫燃料电池。跟手电筒里的干电池、汽车上的蓄电池一样，都是化学电源家庭的成员，都有把物质的化学能直接转换成电能的本领。燃料电池是由正、负电极和电解喷组成。正、负电极上的活性物质同电解质一起发生化学反应，便有电子从负极经外电路跑到正极，再回到电池内，形成回路，从而为外电路上的电气设备源源不断地供电。不过，无论是干电池还是蓄电池，其参与化学反应的活性物质都是电池本身所固有的。就干电池来说，活性物质消耗完了，电池就不能再用，得换新的了。就蓄电池来说，电能快要用完时得用外接的电源给它充电，重新产生化学能储蓄在电池内，以备继续放电使用。燃料电池的独特之处在于：正负电极上的活性物质可以从电池外面随用随取，这就使其永远不会"饿肚子"。既不担心活性物质消耗完就寿终正寝，也不需麻烦人们适时充电，来恢复原有的活力。只要燃料电池本身的筋骨结实，防腐蚀性能好，就能较长时期地为人类服务。燃料电池的寿命可以长到几千小时，能产生很大的电功率，足以代替常规的火力发电设备供电。当然，燃料电池产生的是直流电，如想把发的电接到电网上去，只要把直流电变换成交流市电就可以了。

燃料电池吃进燃料的那张嘴通到负极，负极上有无数小孔，便于燃料渗透、扩散到电池里去。吃的燃料可以是天然气、甲醇或轻质石油产品。燃料电池的另一张嘴通到正极，吃进的是氧化剂，有时干脆就是空气。从这两张嘴送进来的活性物质同燃料电池肚子里的电解质发生化学反应后，除产生电能送到外电路外，还排泄出副产物，这主要是水和二氧化碳气体。在排泄这些副产物时伴随着排出废热，所以燃料电池在供电的同时还可以供热。

燃料电池并不是什么新的发明物，早在1个多世纪以前就在英国出现了，但由于制造花费的成本太高，长期没有能广泛应用。最近10年，由于世界能源紧张，美、日两国才不惜以巨大的人力和财力来开发我。前面已经说过，燃料电池是把燃料的化学能直接转换为电能的，比起把燃料的化学能先转换成热能再由热能转换成电能的火力发电方式来，能量转换过程中的损失要少，发出同样大的电能所消耗的燃料也就减少了。这对于缓和能源紧张的状况实在是一大福音！目前的发电效率已接近40%，燃料电池下一代的发电效率可望达到50%～60%，而常规发电机的最大发电效率才45%～50%。可见，用燃料电池发电，节约燃料的潜力很大。

燃料电池这一代在地面已投入实用的燃料电池以磷酸为电解质，简称磷酸电池，在环境压力和温度下能产生几百千瓦的功率；如压力和温度较高（温度达到220℃），产生的功率就更大。现在，功率为200千瓦，用作辅助发电手段的磷酸电池，已经由美国和日本商人联合投资的国际燃料电池公司制成商品出售。估计还将另有一批磷酸电

燃料电池

池产品上市，先用于宾馆、医院、饭店和其他建筑物，特别是用于需要同时供热的处所，以及供电有困难的海岛上。在日本，功率高达11兆瓦的磷酸电池发电设备正在试验之中。这是当今世界上最大的燃料电池试验计划。

人们窃窃私语，燃料电池太娇贵奢侈了。这个批评合乎事实，因为其用了贵重的白金（铂）做催化剂，来促进化学反应。这使讲究经济效益的生产厂家感到很头痛。为了降低燃料电池的成本，美国人和日本人把20世纪50年代荷兰人首创的"熔融碳酸盐技术"捡了起来加以发展，制成了以熔融碳酸盐为电解质的燃料电池。这是燃料电池家庭的第二代。这些后生工作于650℃的高温，这时所用的电解质——碳酸锂和碳酸钾就成为熔融的液体了。所用燃料有天然气、甲醇、石油产品和煤气。用做催化剂的是价格不太高的镍或银，而不再是贵金属铂，所以成本大大降低。后生们的发电效率也比上一代——这些低温燃料电池的高，最高可以达到60%。日本在1988年研制出了10千瓦的熔融碳酸盐电池之后，又打算做出100千瓦的产品。这种产品的系统设计由日本发电系统技术研究协会按"月光计划"

的要求进行。已建成1兆瓦的第二代燃料电池实验发电工厂。

但是，无论是磷酸电池还是熔融碳酸盐电池，都存在电解质泄漏和耗损的缺陷。针对这一点，研究人员又动脑筋研制固体氧化物电池。这是燃料电池家庭的第三代。这一代电池所用的电解质是由三氧化二钇来稳定的固体二氧化锆，它不像液体电解质有腐蚀性、易泄漏和发生损耗。第三代电池所用的燃料跟第二代相同。在1000℃的工作温度下，电池的化学反应进行得很快，所以在电池的单位体积或重量内产生的能量很高。跟第二代类似，这一代的发电效率也很高，达到50%以上。日本打算先做出功率不超过几百瓦的固体氧化物电池来，然后再求发展。

在燃料电池家庭中，除了上面这几代用于地面的以外，还有一种以氢氧化钾为电解质的碱性电池，以纯氢做燃料，工作于室温到100℃的温度范围内，发电效率达到60%。它供特殊场合使用，例如用在航天飞机上。

总的来说，目前燃料电池的价格还比较高。所以，日本在其新能源研究开发计划中，要求把降低燃料电池的价格作为特殊重要的问题来解决。日本人估计，磷酸燃料电池的价格到2010年前后，有可能降到每千瓦1200～2000美元。可以预见，从21世纪初期开始，我们燃料电池将会作为重要能源广泛地被应用起来。

核 能 源 的 应 用

核力能源

利用核能为人类造福，核电是其中的一个大项。能源问题是当今世界各国极为关注的问题。一些专家认为，同现在常用的煤电、油电、水电相比较，核电有其不可比拟的优势。他们预测，到21世纪，核电将是人类能源的主要来源之一。

提到核电，一些人心中不由自主地升起一股恐惧的感觉。原子弹爆炸带来的阴影在他们心头笼罩着。他们害怕再发生美国三里岛和苏联切尔诺贝利核电站这样的事故。还有人顾虑核电站会带来环境污染等问题。在核电知识不很普及的情况下，产生这种疑虑是可以理解的。

其实，核电是一种安全、经济、清洁的能源。从经济上说，核电站的

秦山核电站

一次性投资确实要比火电站大一些。以我国秦山核电站为例，每千瓦单位造价大约需要 4000 元，而火电站一般在 1900 元左右。然而，衡量电站的经济性，不仅要看最初的基建投资，还要计算电站运行以后消耗的燃料、设备折旧、维护管理等费用。以装机容量吉（10^9）瓦的火电站与核电站作对比，光每年耗费的燃料一项，火电站需要 300 万~350 万吨原煤，而核电仅需 30 吨核燃料。请想一想，300 万吨煤需要多少列火车、多少艘轮船来运输，又需要多大一个燃料堆放场地！国际上对核电的成本与煤电成本作过比较，在法国，煤电成本是核电成本的 1.75 倍，德国为 1.64 倍，意大利为 1.57 倍，日本为 1.51 倍，韩国达到 1.7 倍。美国早在 1962 年就使核电成本低于煤电成本。这是核电在一些国家得到较快发展的原因之一。

　　谈到核电站的安全，一些人的担心是不必要的。世界上的能源生产都存在不安全的因素，并非核电独有。以近些年的能源工业事故为例，1989 年，苏联的一条天然气管道因泄漏而爆炸，毁坏了正好经过那里的两列客车，死亡 600 多人。1988 年，英国北海石油平台下沉，150 多名工人死亡。1979 年，印度的一座水电站大坝发生爆炸，死亡 1.5 万人。而煤矿工人因事故死亡的人数每年数以万计。相对地说，核电站还比较安全些。自 1954 年以来的近 40 年中，核电站仅发生过几起事故，只有 1986 年苏联切尔诺贝利核电站的放射性物质外泄事故，造成 31 人死亡，其他的事故都没有伤害人身。

　　担心核电站像原子弹一样发生爆炸，这完全是一种误解。理由极简单，尽管从科学原理上说，原子弹和核电站都是利用某种原子核持续发生裂变释放出来的能量，在科学上称作链式反应。然而，原子弹的链式反应是不可控制的，而核电站的链式反应是能够控制的。这是一个根本性的区别。之所以产生这种区别，除了不同的设计之外，主要是核电站采用的燃料是浓度为 3% 左右的铀 - 235，而原子弹中铀 - 235 的浓度要达到 90% 以上。我们可以用食盐的盐卤作个比方。食盐是人们必需的调味品，能够促进人体的新陈代谢，增进健康。因为人们食用的盐是低浓度的。如果把盐水的浓度提得极高，便成卤水，人喝了那东西是要丧命的。由此可见，核电站是不可能像原子弹那样发生爆炸的，这绝不是什么武断的说法。

　　核电站的安全性主要表现在防止放射性物质外泄上。1979 年，美国三里岛核电站因人工操作不当，堆芯接近熔化，但放射性物质没有外泄。而1986 年苏联切尔诺贝利核电站事故则造成了放射性物质的泄漏，以致使邻近的居民受到伤害。切尔诺贝利核电站事故的主要原因有两条，一是反应堆堆型本身存在缺陷，二是操作失当。

　　切尔诺贝利核电站采用的是石墨沸水反应堆。这种类型反应堆的安全屏障很薄弱。它用石墨作裂变反应的减速剂，而石墨与高温蒸汽相遇，会产生氢与一氧化碳等爆炸性气体。在操作失当的情况下，一场核电史上前所未有的悲剧就这样产生了。当时，世界上只有苏联采用这类反应堆，而在事故发生之后，苏联也决定不再建造这种堆型的核电站了。

　　我国和世界上大多数国家建设的核电站，都是采用压水堆型反应堆。这类反应堆用水作减速剂和冷却剂，水与核燃料接触时，不易发生化学反应，比较安全可靠。另外，它还设置了 3 道防护屏障。第一道是核燃料棒的保护壳；第二道是包容反应堆冷却剂的压力边界，能够耐高温高压；第三道是用钢筋混凝土浇铸的安全壳，厚达 2 米，把反应堆压力边界的设备都包在其中。有这样三道防线，加上能够自动工作的监测和保护系统，可以监督核反应堆的运行状态，保护其安全运行。在工程设计时，又考虑了抗震、抗腐蚀的措施，这样放射性物质就不容易泄漏了。这里可以介绍一件事：1986 年 7 月，香港文化界知名人士徐四民先生到法国格拉弗林核电站参观。当时这座压水堆型的电站正在停运检修。徐先生偕夫人在法国主人陪同下，进入安全壳。按说，安全壳内是射线很强、核污染严重的地方。但徐先生在里面参观了 2 个多小时，离开"禁区"后接受了辐射安全检测，结果一切正常。徐先生说："不入虎穴，焉得虎子，这次观察使我对核的恐惧减轻了不少。"

到目前，世界上的核电站已运行了 5200 个堆年（一座反应堆运行 1 年称 1 堆年），积累了丰富的经验。国际原子能机构制定了一套核电站的安全规章。从 1986 年起，我国国家核安全局也制定了《核电站设计、运行、选址和质量保证安全规定》等 6 个核安全法规和 24 个安全导则，只要严格执行这些规章，核电站的运行是可以做到万无一失的。

写到这里，一些读者也许还在为核电站排放的废气、废物、废水而担心。有位专家这样说，核电站的运行，既不释放火电站所必然产生的氧化氮、二氧化硫，也不产生二氧化碳。这些是造成酸雨、黑雨及温室效应的主要因素。因此说，核电是比较清洁的能源。研究、设计者考虑了核电站的三废处理问题。从核电站卸出的核燃料，即燃烧过的乏燃料，在密封条件下作专门处理。废水、废气同样经过安全处理。至于核电站对周围环境的辐射问题，有这样一些数据可以说明：人们在核电站周围住上 1 年，所受到的辐射量，还不到一次 X 光透视的几十到几百分之一。以核电站最多的美国为例，它的核电站使每个美国人增加的辐照量，比自然界原本存在的放射性照射量的 0.1% 还小。这大概可以说明核电的"清洁"了吧。

核爆炸的和平应用

地下核爆炸。地下核爆炸是将核装置安放在地下实施的爆炸。它分为浅埋的喷发式和深埋的封闭式两种，封闭式又分为平洞（水平坑道）方式和竖井方式两种。在核装置安放以后，一般将坑道和竖井部分甚至全部回填堵塞或采取其他措施，以保证放射性物质能被封闭在地下。

在核爆炸后瞬间，首先是核反应阶段，在 $0.1 \sim 1$ 微秒内（1 微秒 = 10^{-6} 秒），爆区温度上千万度，压力数百亿千帕，能量向四周发散，强大的压力波在岩石中传播。随后在高温高压下，岩石被汽化、液化，形成一个不断扩大的球形空腔，此时为爆后 1 微秒 ~ 100 毫秒。空腔停止膨胀以后，压力波继续沿径向传播，使空腔周围产生裂纹和裂隙，空腔将稳定一段时间。在爆后几百毫秒到几分钟，空腔内部四壁混有放射性裂变产物的液化

岩石向空腔下部流滴。最后为热辐
射阶段，在几分钟后直到几年时间
里，因为空腔顶部不能承受上部岩
石压力，顶部失去平衡逐步崩塌，
形成高度不等的所谓"烟囱"塌落
的大小岩石块填满了空腔和烟囱，
烟囱四周也产生大大小小裂缝。如
果爆炸埋深不够，烟囱塌落至地表
面，放射性的尘土会冲起很高形成
烟云，地面也形成大弹坑。要是封
闭式地下核爆炸，爆炸的能量以热
能形式保留在空腔区及其周围，在
没有地下水流动带走的情况下，热
量仅通过热传导缓慢释放。

核爆炸的和平应用

　　应用 PNE 的烦恼各国技术专家普遍认为，核爆炸的和平利用有许多领
域，并有显著的潜在利益，那么为什么没有得到全面推广？为什么常常受
到公众的反对？

　　主要有两方面的考虑。①经济利益问题。例如对油气田的刺激，实施
费用较高，且强烈地依赖油气田本身的自然流动性，依赖于特定的地质与
环境，很难与常规开发费用相比较，存在着较大风险。但从前苏联大量进
行 PNE 活动看，肯定受益匪浅。②安全与污染问题，这是应用 PNE 最令人
烦恼的事。如果是喷发式地下爆炸，升起的放射性烟云将造成爆区及下风
广大区域的严重污染。即使是封闭式地下爆炸，也常常有放射性物质从爆
炸形成的裂缝或天然地质裂缝中泄漏出来，造成大气层污染。油气刺激生
产的产品也带有放射性，虽然通过搁置、稀释等手段也能安全地使用，但
处理费用和心理上的担心会影响产品的营销。污染的另一途径是地下水流
经空腔区（尤其是空腔下部），玻璃体的放射性将发生迁移，从而污染水
源。特别是在人口密集区域进行 PNE 时，人们担心核爆炸本身产生的地震
和由它诱发的天然地震会产生严重的破坏后果。但 PNE 的潜在利益依然诱
人。为了全人类的共同利益，相信总有一天人们会重新开展 PNE 研究。

和平核爆炸生产技术的应用前景

刺激石油、天然气生产。有些油气田本身渗透性低，或经过一段时间开采后，油气流出不足，利用核爆炸粉碎岩石、产生裂缝和扩大天然裂缝从而增加了渗透性，可使油气涌出量大大增加。核爆炸大量的热量加热了岩石及其中的石油，石油的黏度减小，流动性增加，也可使石油涌出量增加。据报道，美国PNE在"犁头"计划中以刺激石油、天然气生产为目的的试验就有3次，并取得了一定成功，而前苏联至少有8次目的是为刺激石油、天然气的PNE试验。由此刺激生产的石油、天然气产品中一般不含有高放射性物质，即使含有放射性，也可用不含放射性产品稀释的方法，使油气的放射性含量降到安全标准以下。

建石油、天然气库。地下核爆炸爆后形成一个巨大的空腔，虽然被塌落的岩石所充满，形成的烟囱区也满是大大小小的岩石块，只有不大的空洞，但岩石块之间空隙总的体积应该等于空腔在停止膨胀时的体积。以美国的"瑞尼尔"、"布兰卡"、"海神"三次试验为例，它们的当量分别是1800、22000、3400吨，爆后形成的空腔半径分别为18、44、18.7米，因此其体积分别达到2.44万、35.7万、2.74万立方米，能储油数万吨至数十万吨。建造地下油气库具有很多优点：①造价低；②不需耗费大量金属；③地下恒温；④减少可能的火灾和其他危险事故；⑤隐蔽性好，战时也较安全。

开采矿藏、石料。一个或多个核爆炸如果在矿层中实施，破碎矿石将充满空腔和烟囱区，在空腔和烟囱区周围裂缝裂隙中增加了流通性，因此可采取崩落法、浸取法来采矿。崩落法是在空腔下方打出一条水平坑道，然后在不同地段向上打垂直或斜向坑道通到空腔和烟囱区，将其中的矿石导引出来；浸取法是对于易溶矿物质采用的办法，利用打若干钻井注水，再从矿体下方收集富含矿物的溶液引到地面上来处理。同样的崩落法也能用来采石。对于埋深较浅的矿，可利用核爆炸掀去表层覆土而进行露天开采。

核爆炸采矿的优点是能对付任何矿床，特别是被地质构造破坏了的矿床也可开采，而普通方法不行。浸取法对于品位较低的矿藏可能较经济，可以不采出矿石而得到富集矿物质的溶液。放射性及残余热量是核爆炸采矿的一个难题。分层开采和用水循环冷却是解决方案之一。据报道，前苏联有过一次地下采矿的实践。

实现大型土石方工程。如建港口、建水库、开凿运河、筑坝……这些都可利用喷发式地下核爆炸来实现。这种方式形成大弹坑，多个核装置适当排列爆炸，在河、海边建港口，在山区建水库，在地峡处开凿运河，均可实现。定向爆炸能构筑大坝。但也是放射性污染限制了它的应用。前苏联用此方法建了两个人工湖（水库），进行了两次开凿运河的研究。目前只有美国有这方面的计划和论证。

回收地下核爆炸能量。核爆炸产生的能量绝大部分以热能的形式保存在空腔周围很薄的一层岩石里。建地下核爆炸热电站要求爆区岩石不含水，将液体通过爆前特别设计的管道进入空腔，吸收热量转化为蒸气，再引回地面与水进行热交换，再产生水蒸气，用于带动汽轮发电机生产电力。爆炸如果在白云岩、石灰岩中进行，则可形成大量二氧化碳而直接作为载热体加以利用，而且碳酸岩分解生成的氧化钙遇水产生的化学热能也能利用。地下核爆炸建电站还有不少技术问题，但不像核反应堆电站那样需要大量基本投资，这是很诱人的。

探索特殊条件下的人造材料。某些物质在特别的高温高压条件下，会形成特殊的结晶体。如碳有两种天然存在方式，一是石墨，一是金刚石。爆炸形成的某种高温高压条件可使低值的石墨转化为贵重的金刚石。这一设想在我国也研究过。

对付意外灾害

制止油气田井喷事故。油气田突然发生井喷，大量油气涌出，甚至发生大火，威胁油气田和工作人员安全。除常规办法外，核爆炸也是制止油气田井喷，特别是制止大规模井喷事故（常规法难以制止的）的有效手段。核爆炸对付井喷的基本原理是利用爆炸封闭或改变原有的油气通道，使井喷停止。前苏联曾利用核爆炸有效地制止过两处气田井喷事故。其中一口含硫气井，在钻到2700米深处发生井喷，并引起火灾，估计气体流量每天98万~140万立方米，燃烧了数年之久，最后用核爆炸办法才制止了井喷。他们钻了一口导向井，在距离该喷井44米处放入一枚3万吨级的核装置，自地面起用水泥注满封闭导向井后起爆，爆后立即制止了井喷，且在地面未测到放射性。

诱发中小地震，避免突然大地震

核爆炸本身是一强震源，在多次核试验后发现，任何一次爆后 2 个月内，在爆炸中心周围 20～30 千米之内，通常会发生多次地震。核爆炸瞬间释放的巨大能量会引起地壳运动的连锁反应。科学家们认为在大地震的高发区用低烈度的核爆炸来诱发中小地震，可使地壳中长期积聚的能量，以短期内可预知的中小地震来逐步释放，这样能避免强烈破坏性大地震的突然发生。哈萨克斯坦的首都阿拉木图 1887 年发生 7.4 级地震，经过 24 年又发生 8 级大地震，但是随后的 80 多年只有一些中小地震。专家们认为，这很可能与附近的核基地连续运转 30 年有关。

对付天外飞来"横祸"

1994 年 7 月 17～22 日期间，苏梅克—列维 9 号（SL－9）彗星的 21 个彗核与木星相撞，使木星产生强烈的闪光，火球与扬起物质冲出数千千米，大量带电粒子在木星磁场激起强烈的射电爆炸，撞击使木星南纬 44°带上留下了一串黑斑（撞击坑）。奇观令世人惊叹，也引起人们对未来地球的担忧。

SL－9 彗木星相撞促使美国国会批准了"太空警戒计划"，以研究彗星、小行星的有关情况及其撞击地球的可能性，并制定对策。彗木相撞预报成功表明，人类有能力预测威胁地球的彗星、小行星的运行规律。现代科技也为人类提供了对付天外飞来"横祸"的手段。科学家们提议用核爆炸防御威胁地球的彗星、小行星。方法是：①用核弹直接命中将其击毁；②与小行星交会时"着陆"后引爆，将其炸碎；③在其近距离上爆炸使它改变运行轨道。这几种方法在技术上有很高要求，但它是抗御天外"横祸"的有效手段，并要求国际间密切有效地协作。

其他和平应用

如建造较大的爆室，或在先前爆炸形成的空腔里放入大量需销毁的核、生、化武器或其他需销毁的物品，利用核爆的高温高压和强冲击波来毁坏它们，可能是一种经济而安全的办法。另外，利用地下核爆炸形成不坍塌或坍塌不多的空腔，用来存放反应堆的废燃料棒、核工厂的核废料以及剧毒的化学废料，可以做到长期安全地存放。

宝贵的二氧化碳资源

说起二氧化碳（CO_2），人们似乎都很熟悉。在人体新陈代谢的过程中，吸进氧气，呼出二氧化碳，现在是连小学生都已知道的常识了。曾记否？"文化大革命"期间有这么一句颇为流行的政治口号：吸进氧气，呼出二氧化碳，这就是吐故纳新。可见，在许多人的心目中，长期以来已经形成这样一种印象，只要一说到二氧化碳，总是当作废气来看待。

其实，二氧化碳不仅具有十分广泛的重要用途，而且是一种宝贵的地下矿产资源。二氧化碳是一种无色、无味的气体，单位体积重量为空气的1.5倍。无论在茫茫宇宙太空，还是在我们居住的这个诺亚方舟，到处都广泛存在着二氧化碳的踪迹。在八大行星之一的金星大气层里，二氧化碳的含量高达90%以上。地球大气层的二氧化碳比较少，空气中的二氧化碳含量仅为0.02%，但地下和地表一样，同样有二氧化碳分布。现已查明，几乎所有地下的天然气中，都含有少量的二氧化碳，二氧化碳含量达80%～100%的二氧化碳气藏，占全部天然气藏的0.2%。世界上有不少国家，如美国、加拿大、墨西哥、新西兰、印尼、俄罗斯等国，都曾经发现过二氧化碳气藏。近年来，随看二氧化碳用途日益广泛，特别是在农业和冷藏方面的崭露头角，二氧化碳资源受到了世界各国的普遍重视。

在我国，人们注意地下的二氧化碳资源始于20世纪70年代。1977年5月22日凌晨，广东省地质局735地质队在佛山地区三水盆地（距广州市仅30千米）施工的水深九井，突然发生罕见的井喷，猛烈的气柱高达百米，吼声如雷，震动大地。钻机井场方圆几百米范围内，白色气浪翻滚弥漫，井下砂石随气喷出，井架被击得叮哨作响，夜间可见火光闪烁，气吼之声传到5千米之外。巨大的气流来自地下1400余米深的石灰岩溶洞，通过分析化验，喷出的气流中二氧化碳含量达99.55%，其余为少量甲烷、氮气和微量硫化氢等。由于二氧化碳膨胀吸热，喷气的井场出现一种奇妙的景观，已经进入暑天的广东，井口竟结出了洁白透明的冰块，厚达0.6米，井场四周寒气袭人。石油部和地质部相继派出了抢险工作组，广大地质职工和驻地军民共同奋战69天，才胜利地制服住井喷。

这就是我国油气勘探史上钻获的第一口天然二氧化碳气井，初喷时日产气达500万立方米以上，60天以后在管线内进行测量，日产气仍达200万立方米。这样高的产量，这样高纯度的二氧化碳气井，在我国是首次发现，在世界上也是很少见的。

二氧化碳是具有较大经济价值的矿产资源，其应用范围涉及国民经济的许多领域。

科学家发现，二氧化碳气是保鲜之王。用二氧化碳来保存新鲜的稻谷种子，4年后发芽率几乎不变；在装有大米的双层尼龙薄膜袋中，充以二氧化碳气，2年后启封，大米的质量不变，无虫蛀，不发霉，蛋白质、维生素等13种成分仍然与新粮无异。用二氧化碳制成的干冰保鲜，是当代肉类保鲜的先进方法，将水果、蔬菜用塑料袋封好，充入二氧化碳气，保鲜效果极佳。

植物生理学家的研究结果表明，在植物的干物质中，90%～95%是由阳光和二氧化碳合成的，只有5%～10%的物质是由土壤供给的养分。只要设法提高空气中二氧化碳的浓度，就可以促进农作物增产，因此二氧化碳有"气肥"之称。此种二氧化碳"气肥"，在欧美各国使用已相当普遍。据统计，荷兰、德国、比利时、美国、法国、瑞典等国，集中了世界上2/3的玻璃温室，二氧化碳"气肥"普及率达到65%。据美国报刊报道，在充分的光照条件下，每小时每亩水稻施放7.5千克二氧化碳气，水稻增产67%；每亩棉田每小时施放11.5千克二氧化碳气，棉花增产30%，玉米和蔬菜增产60%，固氮能力提高6倍。我国科研单位采用温室施放二氧化碳培植180种观赏植物和经济作物，它们的生长量比对照组多3～4倍。在广东水深九井发生井喷的次年——1978年，紧挨井场的一个生产队，早稻亩产达500～600千克，比正常年景增产23%。近年来，南京市浦口区三河乡科技站，用天然二氧化碳气做肥效试验，番茄对比增产66.6%，黄瓜对比增产30.85%。

有趣的是，利用二氧化碳可以使鱼类做人工"休眠"，减少鲜鱼在运输过程中死亡和损失，到达目的地后再向水中注入氧气，昏睡的鱼即可苏醒，摇头摆尾，欢蹦乱跳。

　　在工业上二氧化碳的用途也十分广泛。机械工业中用二氧化碳来做保护焊接，已逐步代替了手工焊、埋弧焊、气焊，从而实现焊接的自动化。用二氧化碳处理铸造水玻璃型砂，可以省去烘干工序，潮湿疏松的砂型即刻变干变硬。二氧化碳还可用于机械冷装配技术和作机械研磨冷却剂。利用二氧化碳独特的化学和物理性质，作为油井增产处理的多效能添加剂，可以提高石油的采收率。二氧化碳还是制造碳酸盐和尿素的原料。二氧化碳干冰可以用来制造人工降雨。在食品工业中，人们利用二氧化碳制造汽水、汽酒、啤酒等饮料。美国试验用液态二氧化碳作管道输煤的介质，具有载煤量高、终端不需净化设备、管道投资和运输成本低等优点。在地质勘探工作中，借助液态二氧化碳在井底变为气态时产生的巨大冲力进行洗井，能够使井管畅通，完成钻井后期处理或修复废井的任务，操作十分简便，适用于不同的岩层，洗井质量较高，效率提高 1 ～ 2 倍。

　　我国二氧化碳资源是相当丰富的，有发酵型、燃烧型、化工合成氨尾气以及天然二氧化碳气井等不同类型。北京、上海两个城市的酿造发酵业可回收的二氧化碳，每年达 3.5 万 ～ 10 万立方米。合成氨尾气，仅上海一化工厂尿素车间二氧化碳产量，每年即达 10 万立方米以上。抚顺几家石油厂用重油燃烧生产二氧化碳，一个厂年产达 15 万立方米。

　　值得注意的是，我国过去使用二氧化碳不够广泛，因此人们的眼睛往往只盯住人工生产的二氧化碳，天然二氧化碳气藏作为一种宝贵的地下资源，简直成了一件鲜为人知的奇闻，连油气地质勘探中对它们也置之不理。当初广东三水盆地探获二氧化碳气藏，许多人还深为惋惜地喟叹："天然气成分要是碳氢化合物那就好了！"言下之意，二氧化碳气藏价值不大。随着二氧化碳气的勘探开发，逐步打开了人们的眼界。天然二氧化碳资源不仅大有用场，而且分布还相当广泛。埋藏于地层中的二氧化碳，有的是生物化学成因，原先含在地层中的有机质，在漫长的地质年代里发生转化，形成了与石油和其他天然气相伴生的二氧化碳；有的是火山喷发带来的；有的是地下深处的石灰岩，在岩浆或热水溶液作用下受热变质，从而释放出二氧化碳。石灰岩在化学分解过程中，也可释放出二氧化碳来。总之，只要更新观念，如实地把二氧化碳作为一种宝贵的地下资源看待，认真地分析成气地质条件，寻找天然二氧化碳气藏是大有可为的。

过去，由于对二氧化碳在国民经济中的重要价值认识不足，我国二氧化碳工业长期停留在 20 世纪三四十年代的落后水平上，生产工艺落后，设备陈旧，二氧化碳产品数量少，质量差，能耗高。而天然二氧化碳气藏的勘探开发，刚刚开始起步，尚处于摸索经验阶段。我国二氧化碳工业的落后状况，已经到了非改变不可的时候了。要是我国的粮库都能采用二氧化碳贮藏法，每年即可节约粮食 5 亿千克。广东省的甘蔗田，如果都能施用二氧化碳气肥，每年可多生产 7 万 ~ 15 万吨蔗糖。开发二氧化碳资源是花钱少、收益多、资金积累快的好事情，我们又何乐而不为呢！

在二氧化碳资源的开发工作中，既要重视人工制造的二氧化碳资源，更要重视地下埋藏的天然二氧化碳资源，国内的经验要很好地总结，也要注意吸收和消化世界上先进国家的经验和技术。只要认识对头，措施得力，我国二氧化碳工业赶上世界先进水平，是指日可待的。

向海洋索取能源的新途径

海洋中蕴藏有令人惊叹的巨大能源，包括潮汐能、潮流能、波浪能、温差能和化学能等。其储量之大，像一组天文数字，而且它们可以再生，因此堪称为取之不尽的能源宝库。

未来的潮汐发电站

据科学家计算，全世界海洋中仅潮汐和潮流中蕴藏的能量至少有 30 亿 ~ 40 亿千瓦。而现在已建成的世界上最大的法国朗斯潮汐发电站的装机容量才 240 兆瓦；加拿大的安纳波利斯潮汐发电站装机容量只有 20 兆瓦，居世界第二；我国的江厦潮汐发电站装机容量居世界第三，为 3200 千瓦。尽管世界上还建有一些潮汐发电站，但它们发出的电力和巨大的海洋能相比，可以说仅从中拔了一根毫毛而已。巨大的海洋能未得到应用，主要是利用海洋能的技术在许多方面都不尽如人意。

就拿已经建成的潮汐发电站来说吧，它们的一个共同弱点是必须选择有港湾的地方，修建潮汐蓄水坝，建坝的造价昂贵，还严重损害当地的生态自然环境，同时又有使泥沙淤积在水库内的缺点。要保持其蓄水能力，就需要定期排淤，工程量极为巨大。能否不建筑蓄水坝，在没有海湾的广大沿海地区也能利用潮汐能呢？这是长期以来许多能源专家绞尽脑汁想解决的问题。

最近几年，一位叫安东尼奥·伊尔温斯邝可尔瓦的西班牙电子工程师对利用潮汐发电产生了兴趣，并发明了不用建蓄水坝就可以在无港湾的开阔沿岸海区利用潮汐发电的技术，虽然从发明到实施还会有一段过程，但他已使潮汐能的开发利用产生了革命性的变化。

阿尔瓦发明的新式潮汐发电系统中的一个关键设备是固定在浅海底地基上的一

向大海中索取新能源

175

个中空容器。这个中空容器有点像一个抽水机的泵，其中有一个活塞。在活塞上有一根很长的连杆和浮在海面上的一个悬浮的平板相连，悬浮的平板随潮汐的涨落上下运动，并带动中空容器内的活塞上下运动。

在涨潮时，活塞处于容器的顶部。当潮水下落时，容器上边的一个空气阀被打开，通过一根通气管和海面上的大气相通。与此同时，处于容器上方的一个进水阀门也被打开，这样，水就可以流动，海水就经过涡轮发电机流进容器，水连续流动带动涡轮发电机发电。

当潮水再次上涨时，悬浮的平板浮体带动活塞随潮水向上运动，这时，容器的上下两个空气阀门自动关闭，容器顶部的出水阀同时打开，于是，容器内的水在活塞的推动下流出。

在潮水涨到最高位时，活塞再次被浮体带到容器顶部，这时出水口又自动关闭。然后整个系统准备随潮水的下落，重新开始发电。

阿尔瓦花了 3 年时间构想这种新式潮汐发电装置，这个装置的实验性原型机可以产生 1 兆瓦的电力，用 6 个月就可以建成并投产，它的维护费用低，所以将来的发电成本也较低。而且因不需建蓄水坝，对自然景观和环境不会有大的影响。

阿尔瓦准备再设计一个1000兆瓦的潮汐发电站，预计用3年建成，其造价仅为西班牙第一座发电量相同的核电站的1/2。

新的潮汐发电站装置的中空容器固定在200米深处的海底地基上，地基是水泥和耐蚀金属制成的复合材料。在200米深处，海洋生物很稀少，对海洋生态不会有大的影响。为了不干扰沿岸游客的旅游观光，整个装置将设在离海岸3000米的海域，一座1兆瓦的潮汐发电站约占5000平方米的海面，发出的电力将通过海底电缆输送到岸上。

新颖的波浪发电站

和海洋潮汐一样，海洋中也有永不停息的波浪。波浪是风力引起的海水周期性上下振动的一种表现。据科学家计算，全世界海洋中约有30亿千瓦的波浪能；每平方千米海面每秒钟产生的波浪能约20万千瓦。海洋中的波浪有的高达12米，前苏联和英国科学家在海洋考察中曾目睹过高达24.5米的海浪。在荷兰的阿姆斯特丹港，曾发生过海浪把20吨重的混凝土块掀到7米多的空中的壮观场面。

据统计，在1856～1973年的100多年间，一直有人在不断探索利用海浪能量的途径，仅用海浪发电的专利就有300多个。1964年，日本利用海浪发电成功地解决了海洋中航标灯塔的电源问题。

但到目前为止，各种利用海浪发电的方法和设备都比较复杂。日本的"海明"号船型海浪发电装置是利用海浪的上下运动产生压缩空气来推动涡轮发电机发电。日本的另一种海浪发电装置是利用垂直漂浮的火箭形浮体与波浪共振产生的力，使浮体下端的螺旋桨旋转发电。

英国有一种木筏式发电装置，即把许多浮体顺着波浪前进的方向排列成行后，用链条串在一起，在相邻的筏之间安装水泵，利用海浪的相对回转运动使水泵驱动发电机发电。

英国还研究出一种形状像鸭子胸部，由不同半径的凸轮组成的海浪发电装置，发电时它就像鸭子点头那样随海浪上下运动来推动发电机发电。有人形象地把它称之为"点头鸭"式海浪发电装置。

所有这些海浪发电装置，尽管复杂程度不同，但即使结构较简单的木筏式海浪发电装置，仍然嫌复杂。

最近，美国新泽西州普林斯顿海洋动力技术公司的科学家们为拓宽海浪发电的应用，另辟蹊径，发明了一种新型的海浪发电装置。它的结构极为简单，可以说基本上用不着维修。

发明这种新型海浪发电装置得益于材料科学家发明的新材料。大家也许都听说过"压电材料"这个名词。压电材料是一种神奇的材料，你如果在上面施加一个压力或拉力，它就能产生电荷。而有些有机聚合物也有这种特殊性能，你若在一根这样的压电聚合物缆绳的两端一拉一松，它就会产生出电荷来。利用压电聚合物的这种特性，普林斯顿海洋动力技术公司制造了一种水力压电发电机。

这种发电机结构简单，是由悬浮在海面上的浮体和海底的锚及浮体和锚之间的锚链组成的。锚链内安上压电聚合物缆绳。这样，当浮体随海浪上下浮动时，压电聚合物就在浮体和锚之间时而被拉伸，时而被放松，海浪"拉拉扯扯"就使压电聚合物产生一种低频率的高压电，这种低频高压电通过一些电子元件变成高压电流由海底电缆送到岸上。

现在，美国已设计出了 1 ～ 10 千瓦的小型实验性海浪压电发电系统，并在墨西哥格尔夫近海石油钻井机附近的海面进行发电，它可以代替钻井机上的柴油发电机给钻井平台供电。下一个目标是研制 10 ～ 100 千瓦的海浪压电发电系统，用来给海上气象浮标和导航浮标的照明及其他装置用电。

美国还准备建立更大的海浪压电发电系统，功率可达 100 兆瓦。它的浮体可覆盖约 7.7 平方千米的海面。发出的电力足够一个 2 万人的城市使用。由于海浪是免费的，而压电聚合物这种材料又非常耐腐蚀，实验证明，它在海水中浸泡 10 年也安然无恙，因此发电成本相当具有竞争力。估计在海浪大而平衡的海区每千瓦小时的费用只需 1 ～ 3 美分。

设计新奇大胆的温差发电站

荷兰能源和环境部、荷兰钢铁联合企业胡戈文斯公司及斯托克·凯特尔斯工业机械制造公司的研究人员与德国工程承包人林德合作，在经过 1 年之久的可行性研究后，在 1996 年 1 月 13 日的英国《新科学家》周刊上宣布他们设计了一个几千米高的巨型动力站，准备悬浮在海洋上，以利用海水和几千米高空的温度差来发电，也就是通过热交换作用吸收海洋中蕴藏的巨大热能来发电。他们宣称：这个高耸入云的海上发电站，不用任何燃料，不会有任何污染，只是利用海水中无穷的热能发电。他们同时还证明，经过可行性论证，它在热力学上是合理的，几千米高的巨型结构，在建造上也不是做不到的。发电站如能建成，一个电站就有7000兆瓦的功率。

漂浮在海面上的巨型动力站，不用燃料是怎样发电的呢？在介绍其为何能发电之前，有必要介绍其主要的结构。它有一个5~7.5千米高的耸入云天的特殊环形塔和一台涡轮发电机，环形塔实际上是一个密封的环状管道系统（和电冰箱氟利昂的循环系统类似），只是环形塔的底部始终浸浮在海水中，而涡轮发电机就位于海平面以上靠近塔的底部。塔的内部是氨和液氢一类易气化的流体，是用以推动涡轮机叶片旋转发电的工作介质。

为什么要设计这种独特的结构呢？目的就是利用海水中的热能发电。他们从雨水形成的过程得到启发：当水从海洋中蒸发变成蒸汽上升进入云层时，就获得了势能，水蒸汽在云层中冷却时，就会冷凝成水滴，最后以雨水的形式落下，变成动能。

这个巨型环形塔内，装了大量的易汽化的氨或液氢，代替水。于是就会出现如下的现象和过程：在环形塔的底部，氨或液氢受温暖的海水加热而蒸发并膨胀，密度降低，于是沿环形塔左侧的管道上升，当升到几千米高的塔顶时，由于高空冷空气的作用，蒸发的氨又冷凝成液体，并从环形塔的右侧倾泻而下，形成冲击力很大的动能，驱动位于塔底部的涡轮机发电。液氨落入塔底的回路之后，又被海水加热气化，蒸气又沿左侧管道上升，如此循环不已。

这个发电系统实际上就是利用海水和几千米高的高空的温度差提供的热能发电。由于工作介质使用的是极易在0℃以上就气化的氨或液氢，因此即使在海水温度很低的海区，也足以使其气化。而到高空受冷空气的作用又会变成液体。这也是为什么环形塔要设计几千米高的原因。

这个巨型动力塔的设计，虽然已经过可行性论证，认为是可以实现的。但也有人认为，如此庞然大物要建在波浪汹涌的海洋中，肯定会遇到不少技术上的困难，所需经费也肯定是惊人的，因此在短期内不大可能实现。但他们也认为，设计人员的思路是独特的，在科学上是有根据的。

海水温差发电

很久以来，人类一直在想法开发在海浪、海流和潮汐中的海洋能。但是，一个更有发展前途的计划可直接将海洋中储存的热能开发出来，这就是海洋热能转换，简称OTEC。其原理是，利用太阳晒热的热带洋面海水和760米深处的冷海水之间的温度差发电。位于夏威夷西海岸林木繁茂的凯卢阿—科纳附近一处古老的火山岩上的试验发电装置，净发电量为100千瓦。海洋热能转换装置不但不产生空气污染物或放射性废料，而且它的副产品是无害而有用的淡化海水，每天可生产7000加仑（美制1加仑＝3.785升），它味道清新，足以与最好的瓶装饮料媲美。

海洋热能转换装置建在海岸上或近海上，采用的零部件大部分是普通组件，它可以提供足够的电力和淡水，从而使包括夏威夷群岛在内的热带地区不必再进口昂贵的燃料。目前美国宾夕法尼亚州约克海洋太阳能动力公司正在设计一座100兆瓦的海上海洋热能发电站，拟建在印度的泰米尔纳德邦。另外一些计划是在马绍尔群岛和维尔京群岛建造较小的装置。根据一项研究，大约有98个热带国家和地区可从这一技术中受益。

海洋热能转换装置与其他海洋开发方案相比有不少优点。例如最大的海浪发电装置只能生产几千瓦的电力；海浪和海流所含的能量小，因而不足以持续地产生很大的动力来使发电机运转；潮汐虽有较大的势能，但其开发成本很高，并且只限于在潮汐涨落差至少有4.9米的几处海岸上采用。一座建在法国布列塔尼半岛河口上的潮汐发电站装机容量为240兆瓦。北美唯一的示范潮汐电站建在加拿大新斯科舍的安纳波利斯河上，装机容量只有几十兆瓦。

而海洋热能转换装置的一大优点是不受变化的潮汐和海浪的影响。储存在海洋中的太阳能任何时候都可获得，这对于海洋热能转换装置的发展至关重要。热带海面的

海水温差发电

水温通常约在27℃，深海水温则保持在冰点以上几度。这样的温度梯度使得海洋热能转换装置的能量转换可达3%或4%，任何一位工程师都知道，热源（温热的水）和冷源（冷水）之间的温差愈大，能量转换系统的效率也就愈高。与之相比，普通烧油或烧煤的蒸汽发电站的温差为260℃，其热效率在30%～35%之间。

海洋热能转换装置必须动用大量的水，方可弥补热效率低的缺点。这就意味着，海洋热能转换装置所产生的电力在输入公用电网之前，还要在该装置上做更多的功。实际上20%～40%的电力用来把水通过进水管道抽入装置内部和海洋热能转换装置四周。据凯卢阿—科纳示范项目的负责人路易斯·维加称，该试验装置的运行大约要消耗150千瓦电力，不过规模较大一些的商用电站本身所消耗的电力占总发电量的百分比将会低些。

正是由于上述原因，在从首次提出海洋热能转换计划至今的1个世纪中，研究人员一直在孜孜不倦地开发海洋热能转换装置，使之既能稳定生产大于驱动泵所需的能量，又能在易被腐蚀的海洋气候条件下良好运行，从而证明海洋热能转换装置的开发和建造是合理的。

OTEC的理论研究工作一直在进行，曾发明氖灯光信号的法国人乔治斯·克劳德证实海洋热能发电装置在理论上可行。1930年他在古巴北部海岸设计和试验了一个OTEC装置。被称为开式循环的这种OTEC装置获得了专利，功率为22千瓦，但该装置运行所消耗的电力超过了发电量，其原因之一是厂址选得不好。此后乔治斯·克劳德又在巴西设计了一个漂浮式海上热能发电装置，不幸由于一根进水管被暴风雨破坏而失败，他本人也因此破产身亡。

凯卢阿—科纳OTEC装置的发展较为顺利，该装置由檀香山太平洋高技术研究OTEC国际中心经营。1994年9月，凯卢阿—科纳采用的OTEC装置是克劳德的开式循环方案，这创造出了海洋热能转换的世界纪录：总发电量达到255千瓦时，净发电量为104千瓦。该装置是一项投资为1200万美元的五年计划，它产生的电力供给夏威夷一家从事太阳能和海洋资源开发的机构——自然能源实验室附近的企业使用。

产生的蒸汽通过涡轮发电机后，被由另一些管子从深海抽来的冷海水冷凝为液体淡化水。抽入海水只有不到0.5%变成蒸汽，所以必须向装置中泵入大量海水，才能产生足够的蒸汽驱动大型低压涡轮发电机。这也限制了开式循环系统的总功率不可能超过 3 兆瓦。此外，大型、笨重的涡轮发电机所需的轴承和支承系统也不现实。采用轻型塑料或复合材料来制造涡轮机，能获得 10 兆瓦左右的发电装置。即使如此，与普通发电站相比，这种装置的发电能力仍差得太远。例如，一座大型核反应堆能产生 100 兆瓦的功率。

海洋热能转换系统的另一种类型称为闭式循环系统，它较易达到大型工业规模，理论上发电能力可达 100 兆瓦。1881 年法国工程师雅克·阿塞内·达桑瓦尔最初提出这种方案，不过从未进行过试验。

闭式循环海洋热能转换系统的作用原理：海面的温热海水通过热交换器使加压氨气化，氨蒸气再驱动涡轮发电机发电。在另一热交换器中，深海冷海水使氨蒸气冷却恢复液态。一座称为微型 OTEC 装置的漂浮试验装置于 1979 年曾达到 18 千瓦的净发电能力，是闭式循环系统迄今获得的最好成绩。

研究人员还将对放置在下游的水产养殖箱进行监测，以确定从装置中可能浅漏的氨以及海水中加入的少量氯对海洋生物的影响。加入氯是为了防止海藻和其他海洋生物对设备的堵塞。

凯卢阿—科纳试验装置的运行，将有助于了解 OTEC 装置的一个最大的未知因素：装置部件长期被腐蚀性的海水包围，并受到海洋生物的堵塞，其寿命有多长。据工作人员称，现在正采取措施防止锈蚀。

由于开式循环方案不易于扩大发电规模，而闭式循环方案又不能生产饮用水，究竟采用哪种方案为宜，尚难作出决定。

把两种系统组合起来，各取所长，也许是最佳方案，混合型 OTEC 装置可以先通过闭式循环系统发电，然后再利用开式循环过程对装置流出的温海水和冷海水进行淡化。如在开式循环装置上加上第二级淡化装置，则会使饮用水的产量增加 1 倍。

尽管 OTEC 装置仍存在不少工程技术和成本方面的问题，但它毕竟有很大潜力。未来学家认为，它是全世界从石油向氢燃料过渡的重要组成部分，建在海上的 OTEC 装置能够把海水电解而获得氢。自然能源实验室科技规划负责人汤姆·丹尼尔认为："OTEC 在环境方面是良好的，并可能提供人类所需的全部能量。"

OTEC 也同其他所有的发电方式一样，并非对环境完全无害。从一座

100 兆瓦的 OTEC 电站流出的水量相当于科罗拉多河的流量。流出的水温比进入电站的水温高或低约 3℃，海水咸度和温度的变化，对于当地生态可能产生的影响尚难预料。

潜力巨大的地热利用

冰岛底下地热多

来自北冰洋的寒风在冰岛吹过，即使在 6 月，雪也堆积如山，但旅游者仍然兴高采烈，因为岛上的小木屋里温暖如春，天然游泳池中热气腾腾。冰岛人用的暖气和热水的热能取自冰雪层下的火山熔岩。地热是冰岛人生活的"宝贝"。

冰岛首都雷克雅未克的居民已多年不用煤和油取暖了。从 1928 年起他们就开采地热。现在冰岛人口中约有 1/2 依赖于首都的热水供应系统，当地的地热发电能力为 500 兆瓦，这相当于一个大型火力发电厂，每年可供电约 30 亿千瓦时。

在偏远的村庄，村民们常常在熔岩区凿洞，无偿开采地热能，将温水供给游泳池或用于取暖，番茄、草莓甚至香蕉都是在利用地热的暖房里栽培。只要不影响饮用水，政府允许居民们钻孔挖掘地热能。在冰岛，土地、地下资源以及地下熔岩都属于地产。

冰岛的地热资源非常丰富。6000 万年前，北大西洋向北延伸并展宽，洋底的裂谷于 5000 多万年前伸进北冰洋底，从而把格陵兰岛与欧洲的联系隔断。冰岛则是在 1500 万年前由海底玄武岩喷发而成，作为大西洋中脊上的一个岩浆喷发热点，冰岛的火山活动至今仍很活跃。在冰岛 10 多万平方千米的国土上，有 30 座活火山，平均每 5 年就有一次较大规模的火山爆发；冰岛 1/9 的国土被喷出的火山熔岩

安装地暖的房间

所覆盖，境内地震频繁，温泉处处，真可谓是一片"水热火深"的土地。

地热利用的"冰岛模式"

产生地热能源需要两大要素：发热的岩石和滚烫的水。在冰岛，这两者都具备，而且很丰富。由此派生出地热利用的两种模式，一种是直接将地下热水抽出；另一种是向地下有热岩的地方注入冷水，利用热岩加热冷水，再把热水从另一处抽出。前一种方式较省事，但地下热水中含有多种腐蚀物，对供热管道的腐蚀极大，如无有效措施事先加以防治，这种地热利用是不会长久的。后一种方式虽然腐蚀问题不严重，但是，很难掌握地下那个巨大的"加热炉"（即热岩）的运作。总之，不论哪种方式利用地热，都涉及要拥有先进的科学技术和工业基础。

冰岛的地热利用主要是前一种方式。利用地下沸水的内斯亚韦利热能发电厂，提供了雷克雅未克所需热能的 1/3。该厂位于地热高温区，地下 2000 米深处已达 400℃，通过 18 个钻孔，水与蒸汽混合着向上冒出，经过热交换器，冷水被加热至约 90℃，但水中大量的氧气对雷克雅未克管道系统具有相当强的腐蚀作用，所以必须去除水中的氧气。除了使用普通的排气法外，还在水中添加少量硫化氢，硫化氢与氧气发生反应，可以去除剩余的氧气，这就是雷克雅未克的热水有一股淡淡的臭鸡蛋味的原因。

冰岛人采用的这一措施相当有效。如果来自深孔的沸水直接进入管道系统，管壁很快就会穿孔，因为地下水具有丰富的矿物质及酸和氟等腐蚀物质，即使采用最好的钢管，用不了几个月也会被腐蚀。硅酸、氯化钠及铁、钙等元素在冷却时会凝固成黏合物，很快会将水龙头堵塞。而在水中添加少量硫化氢后，上述弊端都能克服。对于像内斯亚韦利发电厂这类大型项目，需要事先进行各种具体详细的经济可行性研究。比如，研究表明发电厂的排放水确实无害后，才可将它作为游泳池用水。斯瓦森基发电厂的排放水含有丰富的硫，能治疗牛皮癣，减轻风湿病痛。该厂不仅用蒸汽轮机发电，还提供热水。现在这个发电厂的发电能力为 10 兆瓦。比这个稍大的发电厂是克拉福拉发电厂，目前的发电量为 30 兆瓦。

地热利用的"大陆模式"

一旦欧洲大陆上其他国家开始开发利用本身的地热资源，冰岛的地热可能就没有现在这么吃香了。现在德国施瓦本地区和法国阿尔萨斯地区也正在开发地热项目。前者钻头已打到地下4444.4米深处，那里的温度超过170℃。德国人正在酝酿着一个大胆的项目：希望像开采鲁尔的煤那样来开采地热，只是"施瓦本的煤"是干热的岩石。

早在1970年物理学家就想到利用干热的岩石来获取能源，因为在地表下几千米深处深睡着巨大的能量贮备。地表下的温度按每100米温度递增3℃，这是地壳内自然放射性衰变的结果。如果从1立方千米岩石获取热能，该岩石只需降温100℃就可供一家30兆瓦的发电厂用30年，这些电能足够供应一个小城市的用电。

美国物理学家提出的方案很简单，在两个并列深孔之间的岩石中炸开一道或几道裂缝，将裂缝用作加热回路，然后将冷水压入一个孔中，冷水在流过热岩石时得到加热，再从另一个孔用水泵将水抽出，这就是所谓的"干热岩石法"（Hot—Dry—Rock，简称HDR）。HDR技术直到今天仍停留在初步阶段。

HDR的拥护者在10年前美国新墨西哥城的试验中经受住了最严峻的打击：压入地下的冷水突然回流，不是沿着岩石中的通路，而是从进水口像喷泉一样射出。地下管道出现萎陷，爆炸不仅摧毁了昂贵的设备，而且也吹灭了即将成功的希望。德国和日本又前赴后继地研究开发，共同承担了第一次HDR试验，接着开始各自在本国建厂，英国和法国也在实施HDR项目。

冰岛的地理学家对欧美科学家的观点持怀疑态度，在地下钻孔达几千米深，然后注入冷水再将热水抽出用于发电，这种水循环是非常易受干扰的，所以长期使用，费用可能很高。根据冰岛人的经验，为了较为经济地发电，应该具备一个接近地表持续不断的地热流，以及在地下有足够的水资源。

不管如何，地热资源的合理运用将是人类21世纪的目标。

奇妙的太阳能热管

鹅毛般的大雪下了一夜。早晨天空放晴，淡淡的阳光照射在白茫茫的雪地上，闪耀着晶莹的亮光。呼啸的北风将雪片吹起，飘飘扬扬。室外有几个孩子在堆雪人，小脸冻得通红，嘴里和鼻子吐着白气……根据气象预报，当时气温已降低到零下 10 多摄氏度了。

就在这时，在北京一所研究院的屋外雪地上，几个人从那里拿起一根 1 米多长像胳膊一样粗的黑玻璃管，兴冲冲地回到屋里。他们拔开管口的塞子，将管子里面冒着热气的开水倒在茶杯里。不一会儿，几杯香喷喷的热茶就泡好了。人们喝着热茶，脸上露出了笑容。三个小时以前，玻璃管内装的还是普通的冷水，在严寒的冬天将它放在屋外"冻"了好几个小时，竟然变成滚烫的开水！真像魔术师变戏法一样。

奇妙的太阳能热管

185

这种黑色的长玻璃管，就是能巧集太阳能的热管，也叫做真空集热管。它是 1964 年问世的，由国外一位叫做斯贝伊尔的创制而成，现已得到广泛应用。

热管的样子很像一个长长的热水瓶胆。在结构上两者好像亲兄弟，有些相似。热管有一个透明的玻璃管壳，里面有一个能盛装液体或气体的吸收管。两管之间被抽成真空，成为真空夹层。这和热水瓶胆的内外层之间抽成真空是一样的，都是为了防止热量散失出去。两者所不同的是，热管的外玻璃管壳是透明的（热水瓶胆的外表面镀了一层光亮的水银），而且吸收管的外壁上涂有一层特殊的涂层。这样，当阳光照在热管上，吸收管上的涂层就能大量吸收光能，并将光能转变成热能，从而使吸收管内装的液体或气体的温度升高。

那么，热管在大冷天为什么能将冷水奇迹般地烧开呢？其实，这并没有什么奥妙之处，只不过使用了"开源节流"的老办法，即一方面通过吸收管外壁上的特殊涂层，尽可能吸收更多的阳光，并及时转变为热能；另一方面，在能量吸收和转换中尽量减少热量损失。这就像热水瓶那样，用抽真空等办法堵死了热量损失的一切渠道。因此，在阳光即使很微弱的严冬，热管也能将阳光巧妙地集聚起来，从而创造出"奇迹"。

由于热管既能充分采集光能，又具有很好的保温性能，所以它在有风的严冬，或者阳光很弱的情况下，都有着良好的集热性能，而且能提供高达 100℃的热水。它比太阳能平板集热器的集热性能好，并具有拆装方便、使用寿命长等优点。

热管可以单个使用，如用在太阳能灶上；也可根据需要，用串联或并联的方法将几十支热管装在一起使用。

热管在美国使用较普遍。在一些工厂、医院、学校和机关的楼房顶上，整齐地排列着一排排热管。有一处屋顶，面积约 800 平方米，竟排列着8000多支热管，很为壮观。这些热管在一天之内可以供应大量的工业用热水，并能在一年里连续不断地为它的主人提供所需要的热能。

此外，热管还广泛用于制冷、海水淡化、空调、采暖和太阳能发电等许多方面，是一种深受人们喜爱的太阳能器具。

我国在太阳能热管的研制和生产上已取得可喜的成绩。1978 年，当国外太阳能热管样品传入国内时，清华大学的教授和北京玻璃仪器厂的科研人员就开始了跟踪研究。一年之后，我国第一支太阳能热管就试制成功，并进行小批量生产。目前，这两个单位合办的企业生产的热管不仅大量供应国内需要，而且还批量出口，为国家创汇。它们所生产的热管经国外权威机构鉴定为世界最佳产品，而其生产线被国内外公认是世界第一流的。到 2000 年，一个年产值 10 亿元的新型产业将投入生产，它将为我国民族工业的发展做出贡献。

一种崭新的发电技术——磁流体发电

电能是当今世界上最重要的一种二次能源。目前的发电方式，包括火力发电和核能发电，效率都不高。长期以来，人类一直在孜孜不倦地探索新的发电方式，并力图突破传统的能源转换方式。随着科学技术的进步，特别是高科技在能源领域的广泛应用，科学家们已经研究出某些前景诱人的新式发电方法，这些新式发电突破了传统发电方式的限制，可使一次能源转化为电能的效率大大提高，为实现能源工业的革命性变化创造条件。磁流体发电就是这些新式发电方法中的一种。

磁流体发电的基本原理，是使高温导电流体高速通过磁场，切割磁力线，于是出现电磁感应现象而使得导体中出现感应电动势。当在闭合回路中接有负载时，就会有电流输出。磁流体发电的特点，是将热能直接转换为电能，而不是像传统的火力发电那样，要先将热能转换成机械能，然后再将机械能转换成电能。因此简而言之，磁流体发电是一种用热能直接发电的发电方式。

在磁流体发电装置中，找不到高速旋转的机械部件。当导电流体高速通过磁场时，流体中的带电质点便受到电磁力的作用，正、负电荷便分别朝着与流体运动方向及磁力线方向相互垂直的两侧偏转。在此两侧分别安置着电极，并且它们都与负载相连，这时导电流体中自由电子的定向运动，就形成了电流。

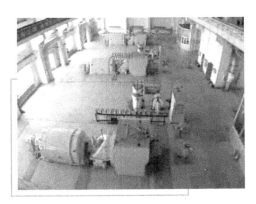

磁流体发电设备

高速通过磁场的导电流体可以是高温液体（如汞或其他高温液态金属）或高温气体（如燃气或惰性气体）。常温下的气体一般是不导电的，必须将气体的温度提高到6000℃以上，才能使气体电离而形成导电的等离子体。所谓等离子体，就是由热电离而产生的电离气体。在高温条件下，气体的分子或原子最外层的电子由于热激发而脱离分子或原子，分离为自由电子和正离子。自由电子的数量越多，则气体的导电性能越好。因此，气体的导电性能是与由气体电离而产生的自由电子数量直接相关的。

用一般的燃烧方法很难使气体达到这样高的温度，并且现有的电极材料和绝缘材料也难以承受这么高的温度。因此，通常是在温度不超过3000℃的燃气或氩、氦等惰性气体中，掺入少量的电离电位较低的碱金属元素（如铯、铷、镓、钾、钠等）作为添加剂。这些元素的原子在不超过3000℃的较高温度下就能产生电离，使气体达到磁流体发电所需的电导率。

磁流体发电机包括三个主要部件：①高温导电流体发生器，在以燃气为高温导电流体的磁流体发电机中，高温导电流体发生器就是燃烧室；②

187

发电和电能输出部分，即发电通道；③产生磁场的磁体。

　　磁流体发电机结构紧凑，体积小，发电启停迅速，对环境的污染小。可作为短时间大功率特种电源，用于国防、高科技研究、地质勘探和地震预报等领域。目前世界上研制成功的磁流体发电试验机组的热效率虽然只有6%～15%，但它可作为前置级而与现有蒸汽发电厂组成磁流体－蒸汽联合循环发电站，这样就从理论上使热效率提高到50%以上。随着核电的发展，还可以利用核反应堆产生的热能来实现原子能—磁流体发电，以提高核电站的发电效率。

　　磁流体发电作为一种新的能源利用技术，受到世界各国的广泛重视。前苏联利用天然气作为燃料，于20世纪70年代建造了第一座工业性磁流体—蒸汽试验电站，最高输出功率达20兆瓦；80年代又建成了总输出功率为58.2兆瓦的天然气磁流体—蒸汽联合循环示范商业电站。美国从1959年开始，就投入了大量的人力、物力、财力来从事磁流体发电的研究。日本、澳大利亚和印度等国也在磁流体发电的研究方面取得了一些重要的成就。

　　我国的这项研究起步较早，在20世纪60年代初就开始燃煤磁流体发电的研究。从1987年开始，磁流体发电正式列入国家"863"高技术研究发展计划，由中国科学院电工研究所、电子工业部上海成套研究所、东南大学热能研究所等有关单位分工合作，对燃煤燃烧室、发电通道、超导磁体、逆变器、特种锅炉、添加剂回收与再生、中试电站的系统分析与概念设计以及电极与绝缘材料进行研究，并已取得了较大进展。中科院电工所2号磁流体发电试验机组的发电功率达到了国际水平。

　　磁流体发电是建立在高技术基础之上的一项综合性技术，对于这项新技术的研究和实施，必须以强大的工业生产和先进的工艺技术为基础。例如，磁流体发电的高效率，有赖于超导磁体的研制和应用；磁流体发电机组的安全运行，有赖于性能优越的高温材料；磁流体发电方式的发展，有赖于廉价的添加剂和回收效率很高的添加剂回收装置；把磁流体发电技术应用于民用发电，有赖于具有相当容量和规模的燃煤磁流体—蒸汽联合循环电站。对于大容量燃煤磁流体发电和大型超导磁体的研制，在技术上还有很大难度，要达到实际应用，还有相当大的差距。

气势宏伟的太阳能热电站

20世纪80年代，在意大利西西里岛上建成了一座规模宏大的太阳能热电站。它采用180块大型玻璃反射镜，镜子的总面积达6200多平方米。这种反光镜由一台电子计算机操纵，将太阳光集聚在高达55米的中央塔上的接收器上，使塔上锅炉产生500℃的高温和6.4兆帕（64个大气压）压力的蒸汽，从而推动汽轮发电机组发电。它的发电能力达1兆瓦。通常所说的太阳能发电站，实际上指的就是太阳能热电站。也就是说，它是将太阳光转变成热能，然后再通过机械装置转变成电能的。太阳能热电站的发电原理和基本过程是这样的：在地面上设置许多聚光镜，从各个角落和方向把太阳光收集起来，集中反射到一个高塔顶部的专用锅炉上，使锅炉里的水受热变为高压蒸汽，驱动汽轮机，再由汽轮机带动发电机发电。这种发电方式称为塔式发电。

也有采用如上图所示的太阳能热电站原理的，即将阳光照射在规模较大的集热器上，把由液体金属组成的蓄热材料加热。当温度上升到1000℃左右时，再通过热交换器把蓄热材料里储存的大量热能转变成蒸汽。然后，利用蒸汽推动汽轮发电机组发电。

在太阳能热电站内还设有蓄热池。当用高压蒸汽推动汽轮机转动的同时，将一部分热能储存在蓄热池中。如果太阳被云暂时遮挡或者天下雨时，就由蓄热池供应锅炉的热能，以保证电站的连续发电。

世界上第一座太阳能热电站，是建在法国的奥德约太阳能热电站。这座电站的起初发电能力虽然仅为64千瓦，但它却为以后的太阳能热电站的兴建积累了经验。

1982年，美国在阳光充足的加利福尼亚州南部的沙漠地区，建造了目前世界上最大的太阳能电站。这座叫做太阳能一号电站的太阳能热电站，由高塔、集热设备、反射

全世界最大的太阳能热电站

镜、汽轮发电机组等组成。它的发电能力为 10 兆瓦，年发电量达到 300 万千瓦时。

太阳能一号电站安装有 1880 个追日仪。这些由金属圆柱支撑的追日仪排列齐整，每根柱顶支撑着一块 10 平方米的银灰色金属板。远远望去，这些追日仪宛若一把把巨大的方形伞，它们顶着金色的阳光，斜支在荒凉的沙漠之上。这一把把方形伞，就是把太阳能转换成电能的跟踪器。

追日仪上的整个光电板由 256 块长形组件构成，每块组件中装有 32 个圆形硅片。顶部的光电板和支柱的衔接处有一个万向节，在电子计算机的控制下，跟踪器可以根据光电板所接受阳光的强弱，自动调节板面同太阳的角度。这些庞然大物都很"机敏、勤奋"，每天早晨太阳尚未升起，它们就都垂直而立，将最大平面对向霞光灿烂的东方；到了夕阳落山之际，它们又都低头面送最后一缕晚霞；然后，转过身来，又静候着翌日黎明的曙光。即使是阴雨天，它们以其不凡的本领在云层的缝隙中追寻着阳光。如果遇到强风，这些追日仪就会将信号输送到控制中心的计算机里，然后按照指令，躺成水平状态，以防止被风刮倒。风势减弱后，它们又会自动恢复原状，并重新投入工作。

热电站数量众多的追日仪，能把太阳光集聚并反射到装在 90 米高的圆柱形钢塔顶上的热收集器里（集热器）。由于采用了电子数据处理设备控制体系，可使追日仪不断地跟踪太阳，并使中央热收集器（即集热器）经常处于反射光的焦点中。这样，热收集器的温度可达 485℃。

太阳能一号电站还有一个热量储存系统，以保证天黑以后也能继续运转。热量储存系统所储存的热能，足可发电兆瓦达 4 小时之久。当热电站工作时，约有 20% 的热蒸气被输送到热交换器内加热一种专用油，再用泵把加热的油注入热量储存系统里。

近年来，国外还研制成一种用炭黑来捕捉太阳能以驱动发电机发电的装置。它是通过一个聚光器把太阳光集聚起来，照射在一个装有炭微粒悬浮体的加热室内。由于温度上升，使炭微粒气化。炭微粒吸收的热量可用来加热周围的空气，使其达到相当于喷气发动机的温度和压力。于是，被加热的空气可用来驱动气轮机转动，并带动发电机发电。

法国、德国、意大利、西班牙和希腊等许多国家也相继兴建了一批太阳能热电站，其中著名的有意大利的欧雷利奥斯太阳能热电站、西班牙的阿尔利里亚太阳能热电站和法国东比利牛斯的库米斯太阳能电站等。意大利和希腊还将建设 20 兆瓦的电站。

1983 年建成的阿尔梅利亚太阳能电站，位于阳光充足的南部，发电能力为 1200 千瓦。在西班牙还建有一座热风发电站，是利用太阳光使地面加热产生热风的办法来发电的。这座热风发电站的高塔，是由一个直径为 10 米、高 200 米的圆形钢管制成的，而集热场建在塔身周围并高出地面 2 米，呈圆形，直径为 250 米，由透明合成材料制成的薄片作顶盖。这套设备保证了集热场内的热风只能向高塔的方向流动，从而驱动气轮发电机组发电。

一些发展中国家也在积极研究和建造太阳能热电站。地处非洲撒哈拉沙漠南部边缘的马里，已建成一座太阳能热电站，其电力用来驱动水泵，对干旱的农田进行灌溉。

太阳能热电站的不足之处在于：①需要占用很大的地方来设置反光镜。据计算，一座 1 兆瓦的太阳能热电站，仅设置反光镜就需占地 350 米 × 350 米。②它的发电能力受天气和太阳出没的影响较大。虽然热电站一般都安装有蓄热器，但不能从根本上消除影响。因此，人们设想把太阳能热电站搬到宇宙空间去，从而使热电站连续不断地发电，满足人们对能源日益增长的需要。

本领高强的地热能

实际上，人们是通过利用各种温泉、热泉来认识地热能的。2000 多年前，我国东汉时期大科学家张衡就曾采用温泉水治病。此外，我们的祖先很早就利用温泉的热水进行洗浴和取暖等。

1904 年，意大利人拉德瑞罗利用地热进行发电，并创建了世界上第一座地热蒸汽发电站（装机容量为 250 千瓦）。由于当时技术条件的限制，此后很长时间内地热在发电方面的应用一直停步不前。

20 世纪 60 年代以来，由于石油、煤炭等各种能源的大量消耗，美国、新西兰、意大利等国又对地热能重视起来，相继建成了一批地热电站，总计约有 150 多座，装机总容量达 3500 兆瓦。

利用地热发电，是地热能利用的最重要和最有发展前途的方面。与其他电站比较，地热电站具有投资少、发电成本低和发电设备使用寿命长等优点，因而发展较快。

地热电站的工作原理与一般的火电站相似，即利用汽轮机将热能转换成机械能，再由发电机变成电能。由于地热资源有高温干蒸汽、高温湿蒸汽和热水等不同种类，所以地热发电的方法也不同。

以高温干蒸汽为能源的地热电站，一般采用蒸汽法发电。它的发电的工作过程是，当把地热蒸汽引出地面后，先进行净化，即除掉所含的各种杂质，然后就可送入汽轮发电机组发电。如果地热蒸汽中的有害及腐蚀性成分含量较多时，也可以把地热蒸汽作为热源，用它来加热洁净的水，重新产生蒸汽来发电。这就是二次蒸汽法地热发电站。目前全世界约有 3/4 的地热电站属于这种类型。

美国加州的盖瑟斯地热电站，就是二次蒸汽法地热电站的典型代表。它的装机容量达 500 兆瓦以上，是目前世界上最大的地热电站。

以高温湿蒸汽为能源的地热电站，大多采用汽水分离法发电。这种高温湿蒸汽是兼有蒸气和热水的混合物，通过汽水分离器把蒸汽和热水分开，蒸汽用于发电，热水则用于取暖或其他方面。

以地下热水为能源的地热电站，通常用地下热水为热源来加热低沸点的物质如氯乙烷或氟利昂等，使它们变成蒸汽来推动气轮发电机组发电。这就是通常所说的低沸点工质法地热发电。

低沸点工质法地热发电所用的地热水的温度，通常低于 $100℃$。用这种热水来将低沸点物质加热变成蒸汽，它们在推动气轮发电机组发电后，在冷凝器中凝结，再用泵重新打回热交换器，从而反复使用。

俄罗斯在堪察加半岛南部建造的低沸点工质法地热电站，所用的地热水温仅有 $70℃~80℃$，以低沸点的氟利昂（沸点为零下 $29.8℃$）为工质，在 1.9 兆帕（18.8 大气压）的压力和地热水的温度为 $55℃$ 的条件下，低沸点工质便可沸腾，产生蒸气来发电，其总装机容量为 680 千瓦。

本领高强的地热能

地热能除了用来发电外，人们还把它用于工农业生产、沐浴医疗、体育运动等许多方面。

　　在工业上，地热能可用于加热、干燥、制冷、脱水加工、提取化学元素、海水淡化等方面。在农业生产上，地热能可用于温室育苗、栽培作物、养殖禽畜和鱼类等。例如，地处高纬度的冰岛不仅以地热温室种植蔬菜、水果、花卉和香蕉，近年来又栽培了咖啡、橡胶等热带经济作物。在浴用医疗方面，人们早就用地热矿泉水医治皮肤病和关节炎等，不少国家还设有专供沐浴医疗用的温泉。

　　地热在世界各地的分布是很广泛的。美国阿拉斯加的"万烟谷"是世界上闻名的地热集中地，在24平方千米的范围内，有数万个天然蒸汽和热水的喷孔，喷出的热水和蒸汽的最低温度为97℃，高温蒸汽达645℃，每秒喷出2300万升的热水和蒸汽，每年从地球内部带往地面的热能相当于600万吨标准煤。新西兰约有近70个地热田和1000多个温泉。横跨欧亚大陆的地中海—喜马拉雅地热带，从地中海北岸的意大利、匈牙利经过土耳其、俄罗斯的高加索、伊朗、巴基斯坦和印度的北部、中国的西藏、缅甸、马来西亚，最后在印度尼西亚与环太平洋地热带相接。

　　我国是一个地热储量很丰富的国家，仅温度在100℃以下的天然出露的地热泉就达3500多处。在西藏、云南和台湾等地，还有许多温度超过150℃以上的高温地热资源。西藏羊八井建有我国最大的地热电站。这个电站的地热井口温度平均为140%，装机容量为10兆瓦。

　　我国北京是当今世界上6个开发利用地热能较好的首都之一（其他5个是法国的巴黎、匈牙利的布达佩斯、保加利亚的索菲亚、冰岛的雷克雅未克和埃塞俄比亚的亚的斯亚贝巴）。北京地热水温大都在25℃～70℃。由于地热水中含有氟、氢、镉、可溶性二氧化碳等特殊矿物成分，经过加工可制成饮用的矿泉水。有些城区的地热水中还含有硫化氢等，很适合浴疗和理疗。

　　目前，北京的地热资源已得到广泛利用。例如，用于采暖的面积已达30多万平方米，年节约煤约2万吨。现有地热泉50多处，日洗浴6万多人次。另外，还利用地热搞温室种植蔬菜和养非洲鲫鱼，以及用地热水育秧等。

利用风能造福人类

从古代风车到现代风力机

　　风能是太阳能的一种形式。由于太阳能辐射造成地球各部分受热不均匀，引起大气层中压力不平衡，使空气在水平方向运动形成风，空气运动产生的动能就叫风能。太阳能每年给全球的辐射能约有2%转变为风能，相当于1.14×10^{16}千瓦时电力的能量，大约为全世界每年燃烧发电量的3000倍。虽然风能具有储量大、分布广、可再生和无污染等优点，但是风能亦有密度低、能量不稳定和受地形影响等缺点。因此地球上的风能资源不可能全部利用。中国有可利用的风能资源约为2.53×10^{11}瓦，相当于1992年全国发电总装机容量的1.5倍，平均风能密度为100瓦/平方米。

风能的利用

　　人类利用风能已有数千年的历史，埃及、巴比伦和中国等文明古国都是世界上利用风能最早的国家。风帆助航是风能利用最早的形式，直到19世纪，风帆船一直是海上交通运输的主要工具。风力提水是早期风能利用的主要形式，公元前3600年前后古埃及就使用风车提水、灌溉。12世纪初风车才传入欧洲，在蒸汽机发明前，风车一直是那里的一种重要的动力源。有"低洼之国"之称的荷兰早就利用风车排水造田、磨面、榨油和锯木等，至今还有数以千计的大风车作为文物保存下来，已成为荷兰的象征。19世纪，当欧洲风车逐渐被蒸汽机取代后，美国却在开发西部地区时使用了数百万台金属制的多叶片现代风车进行提水作业。中国利用风车提水亦有1700多年历史，一直到20世纪中叶，仅江苏省就还有20余万台风车用于灌溉、排涝和制盐等。

　　风力发电是近代风能利用的主要形式。19世纪末丹麦开始研制风力发

194

电机（简称风力机），但是一直到 20 世纪 60 年代，虽然工业化国家陆续制造出一些样机，但除充电用的小型风力发电机外，都没有达到商品化的程度。1973 年石油危机发生以后，人们认识到煤炭、石油等化石燃料资源有限，终究会消耗殆尽，而且燃料燃烧所引起的空气污染和温室效应等环境问题日趋严重。为了保护我们赖以生存的地球，大力开发可再生的清洁能源，如风能、太阳能、海洋能等势在必行。风能利用又重新受到重视，并取得了长足的进步，500 千瓦的风力发电机已进入市场，到 1993 年底全世界风力发电机装机容量约 300 万千瓦，年发电量 50 亿千瓦时。风力发电已具有与常规能源发电竞争的能力。

"捕捉" 风能的旋翼和配套装置

将风的动能转化为可利用的其他形式能量（如电能、机械能、热能等）的机械统称为风能转换装置。风力机是最通用的风能转换装置。现代风力机一般由风轮系统、传动系统、能量转换系统、保护系统、控制系统和塔架等组成。

风轮系统是风力机的核心部件，包括叶片和轮毂。风轮叶片类似于飞行器——直升机的旋翼，具有空气动力外形，叶片剖面有如飞机机翼的翼型。从叶根到叶尖，其扭角和弦长有一定的分布规律。当气流（风）流经叶片时，将产生升力和阻力。它们的合力在风轮旋转轴的垂直方向上的分量可以使风轮旋转，并带动传动轴转动，将风的动能转换成传动轴的机械能。风力机的保护系统和调节系统是保证安全和提高功能的重要部件。风力机调节系统是自动调节风轮运动参数的机构，主要由调向装置和调速装置组成。调向装置的作用是调节风轮旋转平面与气流方向相垂直，使风力机的功率输出最大。小型风力机常用尾舵调向，当风轮旋转轴与气流方向不一致时，作用在尾舵上的空气动力可使风轮旋转平面与气流方向保持一致。中大型风力机常用伺服电机，在风向标和测速电机的控制下，它可以正反转动，调整方向。调速装置是调节风轮转速的，在风力机工作风速范围内起功率调节作用，在高风速时起保护作用。

塔架用于支撑风力机风轮、机舱等部件，将风轮置于一定高度，利用风的剪切效应，使风轮增加输出功率。例如，在乡间田野上，如果 10 米高度处的风速为 5 米/秒，那么在 20 米和 30 米高度处的风速就可分别达到 5.6

米/秒和 6 米/秒。风轮的输出功率与风速的立方成正比，当一个风轮在 5 米/秒风速时输出的功率是 100 千瓦，而在 6 米/秒风速时就可达到 173 千瓦。现代风力机在塔架底部安装有专门的电子监控系统，使各部件协调运行，并对故障情况进行监测。风力机的形式很多，且各有特点。按风力机额定功率大小，可划分为微型（小于 1 千瓦）、小型（1～10 千瓦）、中型（10～100 千瓦）和大型（大于 100 千瓦）风力机。按照风轮旋转轴形式分，又有水平轴风力机和垂直轴风力机之别。最常见的是水平轴风力机，技术上比较成熟。垂直轴风力机与水平轴风力机相比，它可以在任意风向情况下运动，不需要调向装置；其次，发电机的位置接近地面，维修方便。垂直轴风力机的风轮有 2 种，一种是阻力型，常见的有萨冯尼斯风轮、还有平板式和涡轮式风轮等；另一种是升力型，常见的有 φ 形达里厄风轮和直叶片风轮等。垂直轴风力机的缺点是起动和制动性能差。

水平轴风力机按风轮叶片数目又有单叶片、双叶片、三叶片和多叶片几种。水平轴风力机按风轮与风向和塔架的相对位置划分，有上风式和下风式风力机。风先流过风轮再通过塔架的为上风式风力机；风先流过塔架再通过风轮的为下风式风力机，它具有自动对风能力，但气流在塔架后面会形成涡流，使风轮的输出功率下降，称为塔影效应。

风能利用的主要形式

人类利用风能已有几千年历史，按用途分有风帆助航、风力提水、风力发电和风力致热等多种形式，其中风力发电是近代发展的最主要的形式。

尤其是近 10 年来，风力发电在世界许多国家得到了重视，发展应用很快。应用的方式主要有这几种：①风力独立供电，即风力发电机输出的电能经过蓄电池向负荷供电的运行方式，一般微小型风力发电机多采用这种方式，适用于偏远地区的农村、牧区、海岛等地方使用。当然也有少数风能转换装置是不经过蓄电池直接向负荷供电的。②风力并网供电，即风力发电机与电网联接，向电网输送电能的运行方式。这种方式通常为中大型风力发电机所采用，稳妥易行，不需要考虑蓄能问题。③风力/柴油供电系统，即一种能量互补的供电方式，将风力发电机和柴油发电机组合在一个系统内向负荷供电。在电网覆盖不到的偏远地区，这种系统可以提供稳定可靠和持续的电能，以达到充分利用风能，节约燃料的目的。④风/光系统，即将风力发电机与太阳能电池组成一个联合的供电系统，也是一种能量互补的供电方式。在我国的季风气候区，如果采用这一系统可全年提供比较稳定的电能输出，补充当地的用电不足。

风力提水是早期风能利用的主要形式，至今在许多国家特别是发展中国家仍在使用。风帆助航是风能利用的最早形式，现在除了仍在使用传统的风帆船外，还发展了主要用于海上运输的现代大型风帆助航船。1980 年，日本建成了世界上第一艘现代风帆助航船——"新爱德"号，它有两个面积为 12.15 米×8 米的矩形硬帆，其剖面为层流翼型，采用现代的空气动力学新技术。据统计，风帆作为船舶的辅助动力，可以减少燃料消耗 10%～15%。风力致热是近年来开始发展的风能利用形式。它是将风轮旋转轴输出的机械能通过致热器直接转换成热能，用于温室供热、水产养殖和农产品干燥等。致热器有两类：①采用直接致热方式，如固体与固体摩擦致热器、搅拌液体致热器、油压阻尼致热器和压缩气体致热器等。②采用间接致热方式，如电阻致热、电涡致热和电解水制氢致热等。目前风力致热技术尚处在示范试验阶段，试验证明直接致热装置的效率要比间接致热装置的效率高，而且系统简单。

向植物要石油

人们都知道阿凡提"种金子"的故事，可不一定知道石油也能"种"出来。这是因为石油和煤炭一样，都是从地下开采出来的，人们自然认为它是一种矿物。然而，从石油是古代的动植物形成的这点来看，石油确实可以种植。

可以提炼出石油的植物

美国有位得过诺贝尔奖的化学家，名叫卡达文。他从花生油、菜籽油、豆油这些可以燃烧的植物油都是从地里种出来这点推论出，石油也应该可以种植。于是，从 1978 年起，他就决心要将石油种出来，以验证自己的预言。随后，卡达文就到处寻找有可能生产出石油的植物，并着手进行种植试验。

有一天，卡达文发现了一种小灌木。他用刀子划破树皮后，一种像橡胶的白色乳汁便流了出来。然后，他对这种乳汁进行化验，发现它的成分和石油很相似，就把这种小灌木叫做"石油树"。

接着，卡达文便忙碌起来，既选种，又育种，还在美国加利福尼亚州试种了约6亩地的"石油树"。结果，一年中竟收获了50吨石油，引起了人们"种石油"的兴趣。

此后，美国便成立了一个石油植物研究所，专门从事"种石油"的研究试验。这个研究所人员发现，在加利福尼亚州有一种黄鼠草中就含有石油成分。他们从1公顷这种野生杂草中提炼出约1吨的石油来。后来，研究人员对这种草进行人工培育杂交，提高了草中的石油含量，每公顷可提炼出6吨石油。

在巴西，有一种高达30多米、直径约1米的乔木，只要在这种树身上打个洞，1小时就能流出7千克的石油来。

菲律宾有一种能产石油的胡桃，每年可收获两季。有一位种石油树的能手，种了6棵这样的胡桃树，一年就收获石油300升。

人们不仅在陆地上"种"石油，而且还扩大到海洋上去"种"石油，因为大海里的收获量更大。

美国能源部和太阳能研究所利用生长在美国西海岸的巨型海藻，已成功地提炼出优质的"柴油"。据统计，每平方米海面平均每天可采收50克海藻，海藻中类脂物含量达6%，每年可提炼出燃料油150升以上。

加拿大科学家对海上"种"石油也产生了兴趣，并进行了成功的试验。他们在一些生长很快的海藻上放入特殊的细菌，经过化学方法处理后，便生长出了"石油"。这和细菌在漫长的岁月中分解生物体中的有机物质而形成石油的过程基本相似。但科学家只用几个星期的时间就代替了几百万年漫长时光。

英国科学家更为独特，他们不是种海藻提炼石油，而是利用海藻直接发电，而且已研制成一套功率为25千瓦的海藻发电系统。研究海藻发电的科学家们将干燥后的海藻碾磨成直径约50微米的细小颗粒，再将小颗粒加压到300千帕，变成类似普通燃料的雾状剂，最后送到特别的发电机组中，就可发出电来。

目前，一些国家的科学家正在海洋上建造"海藻园"新能源基地，利用生物工程技术进行人工种植栽培，形成大面积的海藻养殖，以满足海藻发电的需要。

利用海藻代替石油发电，具有这样的两个优点：①海藻在燃烧过程中产生的二氧化碳，可通过光合作用再循环用于海藻的生长，因而不会向空中释放产生温室效应的气体，有利于保护环境。②海藻发电的成本比核能发电便宜得多，基本上与用煤炭、石油发电的成本相当。据计算，如果用一块56平方千米的"海藻园"种植海藻，其产生的电力即可满足英国全国的供电需要。这是因为海藻储备的有机物约等于陆地植物的4～5倍。由此可以看出，利用海藻发电大有可为，具有诱人的发展前景。

当前，各国科学家都在积极地进行海藻培植，并将海藻精炼成类似汽油、柴油等液体燃料用于发电，从而开辟了向植物要能源的新途径。

"接替能源" ——煤层气崭露头角

在煤的形成过程中伴随着三种副产品生成——甲烷、二氧化碳和水。由于甲烷是可燃性气体，又深藏在煤层之中，所以人们称它为"煤层气"。

甲烷一旦产生，便吸附在煤的表面上。甲烷的产生量与煤层深浅有关。一般来讲，煤层越深，煤层气越多。理想的煤层气条件是：煤层深度300～900米，覆盖层厚度超过300米，煤层厚度大于1.5米，吨煤含气量大于8.51立方米，裂缝密度大于1.5米/条为好。开采甲烷的关键问题有两个：①使甲烷从煤的表面解吸下来，一般是靠降低煤层压力来解决，主要办法是通过深水移走来降低压力；②让从煤层表面解吸下来的甲烷顺利穿过裂缝进入井孔。煤层气如果得不到充分利用，会带来两大害处：①在煤层开采过程中以瓦斯爆炸的形式威胁矿工的生命安全；②每年全球有上千亿立方米的瓦斯进入大气中，对环境造成巨大污染。所以，在很早以前人们就想把煤层气作为资源加以利用，让它化害为利，这便是人们开发利用煤层气的最初动因。

进入20世纪70年代后，受能源危机的影响，人们在寻找新能源方面的积极性空前高涨。在有天然气资源的地方，天然气备受青睐；在没有天然

煤层气的开采

气的地区，煤层气便成为人们寻找中的理想新能源。此外，随着开采和应用技术的进步以及显著的经济效益，又给煤层气的开发利用注入了新的动力。

开发煤层气在经济上的优越性表现在几个方面：勘探费用低、利润高、风险小、生产期长。其勘探费用低于石油的勘探费用，生产气井的成本也较低。一般来讲，煤层气的钻井成功率可达到90%以上，打一口井只需要2～10天。浅层井的生产寿命为16～25年，4米井的生产寿命为23～25年。

现有资料表明：全世界煤层气资源为 $113.2 \times 10^{12} \sim 198.1 \times 10^{12}$ 立方米。国外对煤层气的小规模开发利用始于20世纪50年代，大规模开发利用则是从80年代开始的。

目前，美国煤层气的开采在世界上居领先地位，每天煤层气产量已超过2800万立方米。中国煤炭储量为 1×10^{12} 吨，产量居世界首位；煤层气资源为 35×10^{12} 立方米，相当于450亿吨标准煤，与中国常规天然气资源相当，已成为世界上最具煤层气开发潜力的国家之一。

据悉，今后5～10年，中国将投巨资，大规模开发山西、内蒙古、辽宁、安徽的煤层气资源，使之成为继煤炭、石油之后的"接替能源"。初步规划到"九五"期间煤层气产量达到10亿立方米，2010年达到100亿立方米。

中国煤层气的开发已引起了国际社会的关注，美国的安然公司、西方石油公司、德士吉公司、美中能源公司、澳大利亚的略尔公司等西方大公司纷纷进入中国寻求开发项目，目前中外合作煤层气项目已达到了20余个。

海洋中的新能源——气水合纤维素

1995年11月的一天，在美国卡罗来纳州沿岸，一艘海洋勘测船上的人们正在紧张地忙碌着。当一个噼噼啪啪地滴着泥浆的10米长塑料筒从钻筒上放到甲板上时，早已等候在那里的科学家们便蜂拥而上，争分夺秒，用扳手打开塑料筒，从灰绿色的泥浆中捞出一个个大小不一、冒着气泡、嘶嘶作响的泥冰球，再把它们放进一个加压的容器之中。这些球状物就是包裹着甲烷的气水合纤维素。科学家们用一个高压装置挤压泥浆，将泥与水分离，再将泥压成的块状，送往世界各地实验室做进一步实验。科学家们相信，这种物质在海底大面积存在，其蕴藏量十分惊人。

气水合纤维素最初是一个叫做亨福利·戴维的英国人于1810年在一次实验中发现的。100年后，也就是20世纪初，一家天然气开发公司在北极区开采时发现导管常常被一种冰球堵塞。有趣的是，这些冰球可以用火柴点燃。在后来的几十年中，世界各地的人们在采矿时都发现过气水合纤维素，比较集中的地带是大陆边缘的海底深层泥土。人们在西伯利亚和阿拉斯加寒带地区也发现了这种物质。气水合纤维素存在的环境有两个条件：高寒与高压。关于它的生成，科学家

在北极存在大量的气水合纤维素

们还没有获得充分的证据。从目前来看有两种可能：①气水合纤维素生成于地球深层，通过海底慢慢渗透上来。②细菌的作用。由北向南的海流汇聚、减缓，在海底形成了沉积物，为厌氧微生物提供了生息的养料。这些大量的厌氧微生物释放出甲烷，沉积物不断增加，将甲烷埋在了下面。在高寒高压的环境下，水分子晶化成为气水合纤维素，甲烷被裹在了里面。

科学家们对气水合纤维素感兴趣出自2个原因：①这些含丰富甲烷的化

合物，对气候变化可能会起到根本的作用。被冰球包裹的甲烷较之正常大气环境下更密集，如气水合纤维素的 1 立方米甲烷相当于正常大气条件下170 立方米甲烷。甲烷燃烧较洁净，燃烧甲烷产生的二氧化碳是燃煤产生的1/4。如果全球的人们都用它作燃料的话，温室效应会降低 1/2 以上。可是从另一方面来说，它又可能给大气造成极大危害。如果地球上所有气水合纤维素偶然被全部释放出来的话，未经燃烧的甲烷给地球带来更强烈的温室效应危害将 10 倍于二氧化碳造成的温室效应。②这些化合物可能是一个巨大的潜在燃料来源。地理学家们估计，仅已发现的含有甲烷的气水合纤维素的贮量就已经是世界已查明的煤、石油和常规天然气总和的 2 倍。

目前，资源匮乏的国家和发达国家正在积极做这方面的研究。日本已经开始一个五年计划，准备从日本东南沿海约 80 千米处的一条海沟里的气水合纤维素中提取甲烷。

总之，作为一种很有潜力的能源，气水合纤维素的价值正引起科学界和企业界人士越来越密切的注视。